長谷川哲雄

野の花  さんぽ図鑑

築地書館

まえがき

　植物には、それぞれに好みの環境があります。陽あたりのよい明るい草むらが好きなキンポウゲは夏緑林の林床に春を告げるニリンソウと一緒に生えることは普通、ありません。
　キンポウゲとともに仲良く春を彩るスミレは、エイザンスミレやヒナスミレなどと一緒に、木蔭に生えることはありません。河原には河原の植物が、池や小川の畔や湿地には、そういう場所を好む植物が、あるまとまりをつくって、ほかの生きものとともに暮らしています。
　春に黄金色のキンポウゲの花が風に揺れていた土堤の草むらには、やがてレンリソウやノアザミやウツボグサが咲き、チガヤが白い穂を風になびかせるようになります。梅雨の頃にいったん草刈りをされたあとも、植物はまたたく間に回復して、立秋の頃からはツリガネニンジンやワレモコウが咲きだし、やがてススキの穂が出て、秋の野にさまがわりします。こういう場所は秋の七草でおなじみの、オミナエシやナデシコなども生えてよさそうな環境です。
　自然というものは、そこに、たとえなにがしかの人間の働きかけがあるにしても、公園の花壇のように取っかえ引っかえ次々に盛りの花に植え替えられる、いわばつぎはぎ細工ではありません。そこでは、はじめから終わりまでの一貫した生命の流れがあって、しかも季節のめぐりとともに循環していくものです。それは、音楽にたとえればフルートにあらわれたふしが、オーボエに引き継がれたり、ヴァイオリンの主題に低弦が合いの手を入れたり、力強いトゥッティになったりといった具合に、美しい旋律を奏でながら推移していくもので、どの声部が欠けても、また一部分だけを取り出しても、その楽曲にはならないようなものだと思います。
　四季折々、自然はさまざまな色合いや表情で人間の五感に働きかけて、いろいろな楽しみを与えてくれます。とはいえ、それをいっそう楽しむには、個々の植物や昆虫や鳥が、なんという名前かを知ることが、大切な一歩を踏み出すきっかけになります。あの黄色い花はキンポウゲ、これはクサノオウ、これがニガナ、こっちはミヤコグサ……と、名づけて呼ぶことができるようになると、がぜん、物の見方が深まってくるはずです。そのためには、こちらから近づいていかねばなりません。
　どの植物にも、それぞれ独自の生活様式があり、また、その種がたどってきた歴史もあり、人間とのさまざまな関わりもあります。身近な植物にも、たとえば、古来有名な薬草もあり、洋の東西で同じような利用のされ方をしていたり、似たような言い伝え

や、名づけかたをされているものもあります。日本の固有種やごく限られた地方だけの特産種もあれば、有史以前から世界中にひろまったものや、近年になって定着した帰化植物もあります。その一方で、昔はごく普通にあったものが、急速に数がへって、死に絶えようとしているものも少なくありません。

「愛」の反対語は「憎しみ」ではなく「無関心」だという、マザー・テレサの言葉があります。それは自然に対しても、そっくりそのままあてはまります。自然はすばらしい、自然は大切だ、と頭ではわかっていても、具体的な自然のいとなみや、自然の質についての理解がなければ、正しい判断はできません。

本書は、ほぼ2週間ごとに移り変わる日本の季節の変化を追って、身近に見られる植物を、葉や花だけでなく、これまでの図鑑では紹介しきれなかった、根や、花の断面、実なども含めて紹介しました。

この本を散歩に持ち歩くことで、自然に詳しくない人でも、身近で展開されている植物の暮らしぶりや昆虫たちとの関わりに、興味をもっていただけると思います。

なお、この本をつくるにあたり、たくさんの方々のお世話になりました。とりわけ、終始一貫めんどうな編集作業でお骨折りいただいた小野蓉子さん、デザインで苦労をおかけした今東淳雄さん、出版を引き受けてくださった築地書館の土井二郎さん、宮田可南子さんには、心からお礼申し上げます。

野の花 さんぽ 図鑑

目次

<ruby>啓蟄<rt>けいちつ</rt></ruby> 3月上旬 ……………………………… 8

<ruby>春分<rt>しゅんぶん</rt></ruby> 3月下旬 ……………………………… 14

<ruby>清明<rt>せいめい</rt></ruby> 4月上旬 ……………………………… 28

<ruby>穀雨<rt>こくう</rt></ruby> 4月下旬 ……………………………… 36

<ruby>立夏<rt>りっか</rt></ruby> 5月上旬 ……………………………… 46

<ruby>小満<rt>しょうまん</rt></ruby> 5月下旬 ……………………………… 50

<ruby>芒種<rt>ぼうしゅ</rt></ruby> 6月上旬 ……………………………… 62

<ruby>夏至<rt>げし</rt></ruby> 6月下旬 ……………………………… 66

<ruby>小暑<rt>しょうしょ</rt></ruby> 7月上旬 ……………………………… 70

<ruby>大暑<rt>たいしょ</rt></ruby> 7月下旬 ……………………………… 76

<ruby>立秋<rt>りっしゅう</rt></ruby> 8月上旬 ……………………………… 84

処暑(しょしょ) 8月下旬 ·········· 96

白露(はくろ) 9月上旬 ·········· 100

秋分(しゅうぶん) 9月下旬 ·········· 108

寒露(かんろ) 10月上旬 ·········· 112

霜降(そうこう)〜立冬(りっとう) 10月下旬〜11月上旬 ·········· 118

小雪(しょうせつ)、大雪(たいせつ)、冬至(とうじ) 11月下旬〜12月下旬 ·········· 130

小寒(しょうかん)〜大寒(だいかん) 1月上旬〜1月下旬 ·········· 132

立春(りっしゅん)〜雨水(うすい) 2月上旬〜2月下旬 ·········· 140

自然観察の楽しみ ·········· 142

植物画入門 ·········· 148

植物名さくいん ·········· 156
昆虫名さくいん ·········· 159
著者紹介 ·········· 160

[用語解説]
花と葉の構造

花

たとえばサクラの花では、蕾の時に内側の花びらやおしべ、めしべを保護している部分が「萼」である。一般に緑色をしている。サクラの場合は5枚に分かれており、それぞれを「萼片」とよぶ。

開花して、白やピンクに色づくのは5枚の「花弁（花びら）」で、ひとまとまりを「花冠」という。その内側に数十本の「おしべ」があり、花粉の入っている袋を「葯」、それを支える細い柄を「花糸」とよぶ。

花の中央には「めしべ」が1本ある。その基部はふくらんでいて「子房」とよばれ、これが将来「果実」になる。子房の中には「胚珠」があって、これが「種子」になる。子房の先の、細長く伸びた部分を「花柱」といい、先端の、花粉を受け取る部分が「柱頭」である。

一方、ユリの花のように、萼片と花弁の区別がつきにくいものの場合、双方をさして「花被片」という言葉をつかう。

植物の種類によって、各部分の数は増減し、場合によってはいずれかの部分が欠けることもある。また、萼片が花弁状になることも、花弁が蜜を分泌する特殊化した構造になることもある。

花全体は「花托（または花床）」というごく短くなった茎についている。その下の細い柄を「花柄（または花梗）」という。

花序

ショウジョウバカマやレンゲなどは、茎の先に多数の花が集合し、まとまりのある構造をつくっている。このまとまりを「花序」とよぶ。アブラナやクサフジ、ギボウシやツリガネニンジンなどの小さな花の集まりも花序である。

キク科の植物やドクダミのように、個々の花がさらに緊密に集合し、全体として、あたかも1個の花のように見えることもある。この全体はひとつの花序で、タンポポの花のつけねの緑色の部分は萼ではなく、また、ドクダミの白い花弁状のものも花弁ではない、いずれも、花序を包み込んでいる葉の変形したもので、全体を「総苞」とよび、個々のものを「総苞片」という。

葉

葉は、葉緑体によって光合成を行い、空気中の二酸化炭素と根から吸収した水をもとに、養分（糖）をつくる器官である。葉の本体というべき「葉身」と「葉柄」および「托葉」とよばれる構造がある。種類によっては葉柄が明瞭でないものや、托葉を欠くものもある。

葉の縁にはぎざぎざ（「鋸歯」）や深い切れ込みのあるものもある。ドクダミのように、葉の縁がなめらかなものを「全縁」という。

葉の切れ込みが深くなって、独立した小さな裂片に分かれた形になったものを「複葉」とよび、それぞれの裂片を「小葉」という。

クズやシロツメクサのような形を「三出複葉」、各小葉がさらに3裂して、入れ子のようになると「2回三出」「3回三出」などという。レンゲやワレモコウ、フジの葉のような形は「羽状複葉」とよぶ。

これに対して、切れ込みがないか、あっても独立した裂片にならないものを「単葉」といい、タンポポやノアザミ、カラスウリなどはその例である。

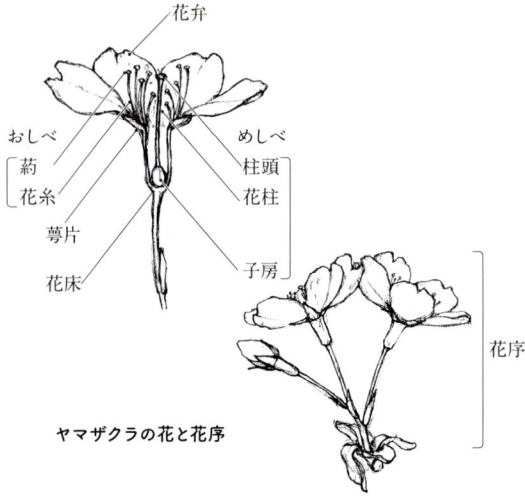

ヤマザクラの花と花序

啓蟄 3月上旬

「春がまた来た　大地は詩をおぼえた子供のようだ……」で始まるリルケの詩がある。躍動的な、春のよろこびをうたった詩でぼくは好きだ。

きびしい冬をじっと休眠していたのは、この日のため。準備が整ってみんなが思いおもいの姿で動きだす。

冬のあいだ、文字通り蟄居していた虫たちが戸を開いておもてに出てくる日が啓蟄というわけだ。

この大きな川の土堤は毎年春に野焼きをされる。それからしばらく経って、こげた枯れ草のあいだから春の野の草が伸び出してきた。ノビル、ヨモギ、ツクシ、ヤブカンゾウ。ノビルの葉が、どうしてあんな風に輪を描いているのか、はじめのうち、皆目見当がつかなかった。けれども気がつけば、なんのことはない。伸長しはじめる前の芽の先端が焼かれて、癒合し、基部から細い葉が押し出されてくるからなのだ。

1　ノビル（→p11）
2　ツクシ（→p11）
3　ヤブカンゾウ（→p11）
4　**ヨモギ**　*Artemisia princeps*〔キク科〕香りが強く、草餅の材料に使われたり、葉裏の毛でモグサを作ったり、端午の節句にはショウブとともに軒に飾って魔除けにしたりする。

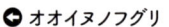 **オオイヌノフグリ**
Veronica persica
〔ゴマノハグサ科〕
明治の半ば頃に日本に入ってきたという西アジア原産の帰化植物。今ではすっかり日本の春の風景にとけ込んでいる。コバルトブルーの花は愛くるしいものだ。

タンポポの黄色い花が一面に咲くと、とても明るくて愉しい気分になる。外来種がはびこっているが、在来種は健在だろうか？

1 シナノタンポポ
Taraxacum japonicum ssp. *hondoense*
在来種はカントウタンポポ、トウカイタンポポなど、いくつかの亜種に分類されるようだ。これもその一亜種。

2 シロバナタンポポ
Taraxacum albidum
関東地方以西に分布。葉が立ち上がるのが特徴。

3 セイヨウタンポポ
Taraxacum officinale
ヨーロッパ原産の帰化植物。

在来種のタンポポ
これはどうやらシナノタンポポらしい。

◐ シロバナタンポポ

◐ セイヨウタンポポ

ものしりコラム＊タンポポの花のつくり

　タンポポの花は──キク科の花がみなそうであるように、数多くの小さな花が集合して、ひとかたまりになったもの。花の下方の緑色の部分は萼ではなく「総苞」とよばれ、1枚1枚を「総苞片」という。
　在来種の黄色いタンポポは総苞片がみな上を向き、密着するが、セイヨウタンポポでは外側の総苞片がそり返る。シロバナタンポポは在来種だが、花は白く、外側の総苞片はそる。

冬のあいだ、小さく縮こまっていたカラスノエンドウも日ごとに大きな緑の塊になっていく。中をのぞきこんでみると、まあ、いるわいるわ、茎にはアブラムシがびっしりしがみついている。植物は生きて呼吸をしているので、葉の重なりあった内部は案外暖かいのだろう。その茎の上をナナホシテントウが行き来している。ナナホシテントウは明るい農耕地のような環境を好むようだ。レンゲ畑に行ってもよく見かける。

雑木林にはアオイスミレが最初の花を咲かせている。春、一番早く咲く種類だ。アズマイチゲもひとつ花開いた。あらたな花暦がめくられる。

野に出よう

自然のおもしろさは時々刻々、日ごとに姿を変えていく、その移り変わりにこそある。それは、美しい盛りの花だけをとっかえひっかえして飾る花壇のような人工物では決して味わうことのできない楽しみ。「折節の移りかわるこそ、ものごとにあわれなれ」と兼好法師。よいことをおっしゃる。

ルーペとスケッチブックと鉛筆をもって野に出よう。自然はけっして、人を飽きさせない。

味わえばとりこになる春の味覚

◉ フキ　*Petasites japonicus*〔キク科〕
フキノトウはフキの花序。縦横にのびる地下茎から花と葉とが別々のところに顔を出す。雌雄異株。

◉ ヤブカンゾウ
Hemerocallis fulva var. *kwanso*〔ユリ科〕
ちょうどこれくらいが食べ頃。さっとゆがいて酢味噌やマヨネーズ和えで食べると、アスパラガスに似た味でおいしい。古く、中国から渡来したもので、察するところ、食用に利用するためではなかったか。3倍体（→ p37）で種子はできず、地下茎でふえる。夏に咲く花もおいしい。

スギナ ◉
Equisetum arvense〔トクサ科〕
ツクシ（土筆）はスギナの胞子葉。いわゆるスギナは光合成をして養分をつくるための栄養葉。シダの仲間の植物。種小名の *arvense* は「原野に生える」の意。

葉が伸びてくる芽。

◉ ミツバ
Cryptotaenia japonica
〔セリ科〕
独特の香りが好まれる。木蔭などに生える。

◉ ノビル
Allium grayi〔ユリ科〕
まるい鱗茎は特有の香りと辛みがあり、味噌をつけて食べると美味。タマネギやラッキョウと同様、食用にする部分は、葉が貯蔵器官に変化したものだ。

シソ科の植物の花はたいてい唇をひらいたような、立体的な構造をしている。茎の断面が四角く、葉が節ごとに向かいあってついていれば、ほぼシソ科と考えてよい。

◐ **ヒメオドリコソウ**
Lamium purpureum
ヨーロッパ原産の帰化植物。畑の雑草としておなじみだ。在来の、日本原産のオドリコソウ（→ p40）は新緑の頃に咲く。

ホトケノザ ◓
Lamium amplexicaule
花茎の葉を仏様の蓮座に見たてたもの。春の七草の「仏の座」はタビラコ（→ p28）のこと。

カキドオシ *Glechoma hederacea* var. *grandis*
春早く、明るい土堤に咲く淡紫色の花は可憐だ。「垣通し」の名は花後、茎が倒れ伏して節から根を出し、はびこることから。古くは「連銭草」、「疳取草」とも。
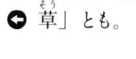

◒ **キランソウ** *Ajuga decumbens*
地面にへばりついたようすからか、「地獄の釜の蓋」の名もある。

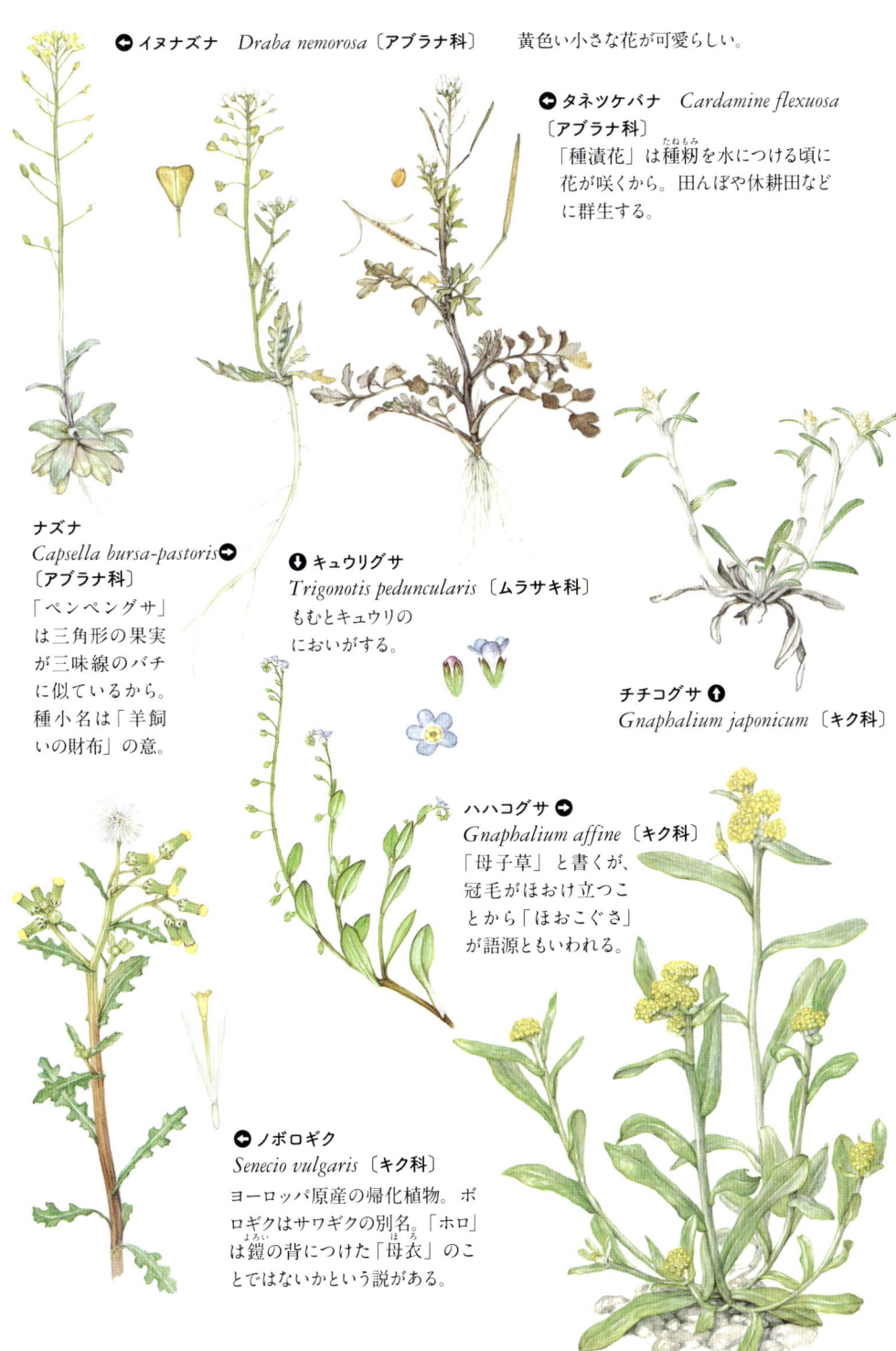

イヌナズナ　*Draba nemorosa*〔アブラナ科〕
黄色い小さな花が可愛らしい。

タネツケバナ　*Cardamine flexuosa*〔アブラナ科〕
「種漬花」は種籾を水につける頃に花が咲くから。田んぼや休耕田などに群生する。

ナズナ
Capsella bursa-pastoris
〔アブラナ科〕
「ペンペングサ」は三角形の果実が三味線のバチに似ているから。種小名は「羊飼いの財布」の意。

キュウリグサ
Trigonotis peduncularis〔ムラサキ科〕
もむとキュウリのにおいがする。

チチコグサ
Gnaphalium japonicum〔キク科〕

ハハコグサ
Gnaphalium affine〔キク科〕
「母子草」と書くが、冠毛がほおけ立つことから「ほおこぐさ」が語源ともいわれる。

ノボロギク
Senecio vulgaris〔キク科〕
ヨーロッパ原産の帰化植物。ボロギクはサワギクの別名。「ホロ」は鎧の背につけた「母衣」のことではないかという説がある。

春分　3月下旬

渓畔のケヤキ林。
ここにも春の花が咲きはじめた。
　アズマイチゲやユリワサビ、コガネネコノメ……。この緑の葉は何？　あの細い葉は何？　何種類見分けられるだろうか。

昼の時間が夜の時間よりも長くなっていく日。この頃から自然のようすはめまぐるしく変化していく。身も心もうずうずしはじめるのは、人間も野生の生きものも皆、同じだ。
　とりわけ、この季節に華やかなのは、夏緑林の林床。秋に落葉してから春に再び芽吹くまでは、陽光がさんさんと射し込み、明るくて気持ちがよい。けれども、ここに春の暖かな陽がたっぷりと降りそそぐのはほぼひと月あまり。ここで暮らす小さな植物たちは、千載一遇のチャンスを逃すまいと、いっせいに芽生え、花を咲かせる。そのために、とても密度の高い凝縮した春の花の宴になるのだ。
　一面の褐色の枯れ葉をおしのけて、緑の若葉や白や青やピンクや黄色の花があふれるのだから、それは見事なもの。雪国だったら、なおさらこの変化は劇的なものになる。

ものしりコラム＊夏緑林（かりょくりん）

　春に葉が展開し、夏のあいだ緑の葉を茂らせ、秋には落葉する、ブナやミズナラなどを中心とする林を夏緑林または落葉広葉樹林ともいう。
　関東あたりの平野部では、本来はシイやカシを中心とする照葉樹林が発達するが、かつて人里では薪炭をとるために伐採され、コナラやクヌギ、アカマツなどの林として維持されてきた。スギやヒノキの植林地なども含め、これら人間のはたらきかけによってうまれた林を、自然林に対して二次林という。
　コナラやクヌギを主体とした、いわゆる雑木林（二次林）は夏緑林であり、一年中うす暗い照葉樹林やスギ林とは、そこに暮らす植物の種類が異なる。

1　セツブンソウ（→ p18）
2　アズマイチゲ（→ p18）
3　ニリンソウ（→ p18）
4　ヤマエンゴサク（→ p21）
5　ヒメニラ（→ p20）
6　ウバユリ（→ p75）
7　キツネノカミソリ（→ p86）
8　レンプクソウ（→ p19）
9　ハルトラノオ（→ p21）
10　コガネネコノメ *Chrysosplenium pilosum*
　〔ユキノシタ科〕
　黄色い萼裂片が直立する。おしべは8個。
11　ユリワサビ　*Wasabia tenuis*〔アブラナ科〕
　沢沿いの湿った林床に生える。葉はピリッと辛くて美味しい。
12　サイカチの実
　なめし皮のような質感の大きな豆果。
13　オニグルミの殻
　これはリスの食べ残し。上手にふたつに割って食べる。
14　クヌギの枯れ葉
15　ケヤキの枯れ葉
16　アブラチャンの枯れ葉

🡑 シュンラン
Cymbidium goeringii
〔ラン科〕
雑木林に生える。かつてはごく普通にあったのだが。
和名は「春蘭」、花のもようから「ホクロ」ともいう。

春のチョウ

カタクリ ➡
Erythronium japonicum 〔ユリ科〕

ヒメギフチョウ ➡
Luehdorfia puziloi
〔アゲハチョウ科〕
早春にあらわれる美しいチョウ。幼虫はウスバサイシンやオクエゾサイシンの葉を食べる。よく似たギフチョウは日本固有種。どちらも分布が限られている。

アズマイチゲ ⬇
Anemone raddeana 〔キンポウゲ科〕

⬅ ヒオドシチョウ
Nymphalis xanthomelas
〔タテハチョウ科〕
幼虫はエノキやケヤキなどの葉を食べる。初夏に羽化したあと、夏眠に入るという。成虫で越冬し、早春に再び姿を見せる。

　春の花が咲きだすのを待ちかねたように、たくさんの昆虫が活動を始める。なかでもチョウは、その美しさから人目をひく存在だ。成虫自身の餌としての花の蜜はもちろんのこと、幼虫の餌になる植物も一番おいしい時期だ。ヒメギフチョウやツマキチョウ、ミヤマセセリなどが、1年のうちでこの時期にしか姿を見せないのは、幼虫の餌が限られた時期にしか手に入らないことが主な理由なのだろう。ルリシジミやモンキチョウなど、春から秋まで何世代かをくり返すチョウも一方にはいる。
　蛹から羽化したばかりの美しい姿であらわれるのはヒメギフチョウやツマキチョウ。ヒオドシチョウやテングチョウは成虫で冬を越し、すりきれた翅でとび出してくる。

1 **コツバメ** *Ahlbergia ferrea*〔**シジミチョウ科**〕
幼虫はアセビ、ツツジなどの葉を食べる。年1回発生。
2 **ルリシジミ** *Celastrina argiolus ladonides*〔**シジミチョウ科**〕
幼虫はフジやクズなどの蕾を食べる。年3〜4回発生するという。aは雄、bは雌。
3 **スギタニルリシジミ** *Celastrina sugitanii*〔**シジミチョウ科**〕
幼虫はトチノキの蕾を食べる。年1回発生。
4 **ツマキチョウ** *Anthocaris scolymus*〔**シロチョウ科**〕
幼虫はタネツケバナやコンロンソウなど、野生のアブラナ科植物を食べる。年1回発生。前翅の先端が尖り、雄はここが橙色、雌は白色。地上低いところを直線的に飛ぶ。
5 **モンシロチョウ** *Pieris rapae crucivora*〔**シロチョウ科**〕
キャベツやダイコンなど栽培種のアブラナ科植物を食べる。古い時代の帰化昆虫と考えられている。年5〜6回発生。
6 **モンキチョウ** *Colias erate poliographus*〔**シロチョウ科**〕
レンゲやシロツメクサ、ミヤコグサなどマメ科植物を食べる。そのため、牧草地や明るい川の堤などでよく見かけるチョウ。敏捷に飛び、秋おそくまで姿を見る。雌の翅の地色は白い。年5〜6回発生。
7 **ミヤマセセリ** *Erynnis montanus*〔**セセリチョウ科**〕
早春にだけあらわれる。幼虫はコナラ、クヌギの葉を食べる。
8 **テングチョウ** *Libythea celtis celtoides*〔**テングチョウ科**〕
幼虫はエノキの葉を食べる。成虫で越冬し、早春にキブシなどの花をよく訪れる。成虫で冬を越すチョウの多くは、翅の裏が枯れ草のような模様をしている（8-b）。和名は、突き出した頭部の形から。

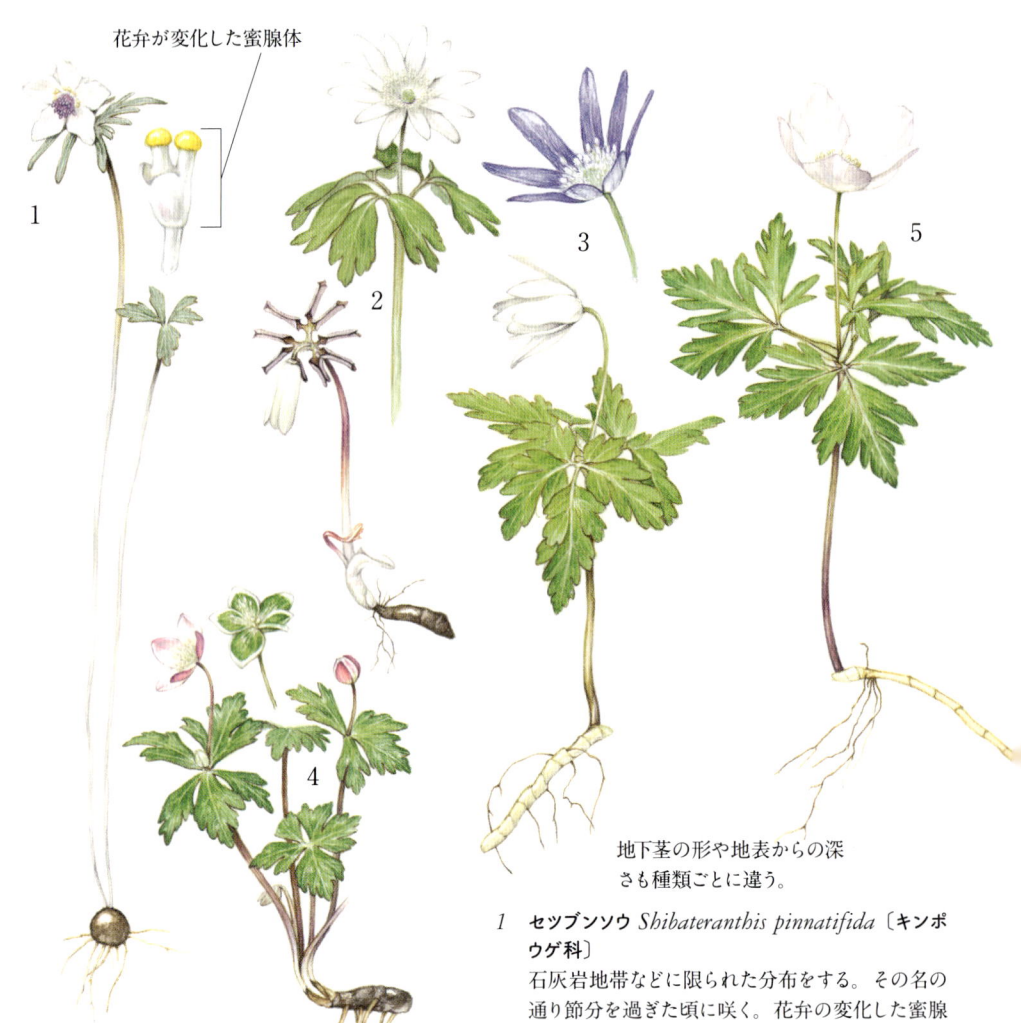

花弁が変化した蜜腺体

地下茎の形や地表からの深さも種類ごとに違う。

1 **セツブンソウ** *Shibateranthis pinnatifida* 〔キンポウゲ科〕
石灰岩地帯などに限られた分布をする。その名の通り節分を過ぎた頃に咲く。花弁の変化した蜜腺体がある。

2 **アズマイチゲ** *Anemone raddeana* 〔キンポウゲ科〕
イチゲの仲間の花弁のように見えるのは萼片。陽が射すと花開き、かげると閉じてうつむく。おしべの花糸の根元が紫色を帯びる。

3 **キクザキイチゲ** *Anemone pseudoaltaica* 〔キンポウゲ科〕
アズマイチゲに似ているが、葉の形が違う。青紫色の花もある。

4 **ニリンソウ** *Anemone flaccida* 〔キンポウゲ科〕
アズマイチゲやキクザキイチゲは花後に根生葉が大きくなるが、ニリンソウは根生葉を展開したあとに花茎が伸びる。まれに、緑色をした花もある。花は花茎の先に1〜3個咲く。

5 **イチリンソウ** *Anemone nikoensis* 〔キンポウゲ科〕

夏緑林（落葉樹林）の樹冠が繁りきらないうち、陽光が射し込む明るい林床に姿を見せ、葉をひろげて光合成をし、花を咲かせ、林床が暗くなる頃には結実して地上の葉も枯れ、長い休眠に入るような生活史の植物をスプリング・エフェメラルと呼ぶ。エフェメラルは「短命の」を意味するギリシャ語の「エフェメロース」に由来する。

花は大きく美しい。花期はイチゲの仲間では一番おそい。
6 トウゴクサバノオ　*Isopyrum trachyspermum*　〔キンポウゲ科〕
「東国鯖の尾」は果実の形から（→ p49）。白い花弁状のものは萼片。花弁は小さな黄色い蜜腺体に変化している。
7 フクジュソウ　*Adonis ramosa*　〔キンポウゲ科〕
春早く、黄金色の大きな花が咲くので、めでたいものとされる。「福寿草」。
8 ハナネコノメ　*Chrysosplenium album*　〔ユキノシタ科〕
白色の萼片と赤いおしべの葯のコントラストが美しい。沢筋の湿地に生える。
9 ネコノメソウ　*Chrysosplenium grayanum*　〔ユキノシタ科〕
「猫の目草」の名は裂開した果実の形にちなむ。
10 イワボタン　*Chrysosplenium macrostemon*　〔ユキノシタ科〕
ミヤマネコノメソウとも。ネコノメソウ類は、たいていどれも沢沿いの水辺の植物（→ p49）。
11 レンプクソウ　*Adoxa moschatellina*　〔レンプクソウ科〕
花序は5個の花からなり、てっぺんの花は4弁、側面の4つの花は5弁。種小名は「ムスクの香りのある」の意だが、目を刺激するようなにおいがする。「連福草」。

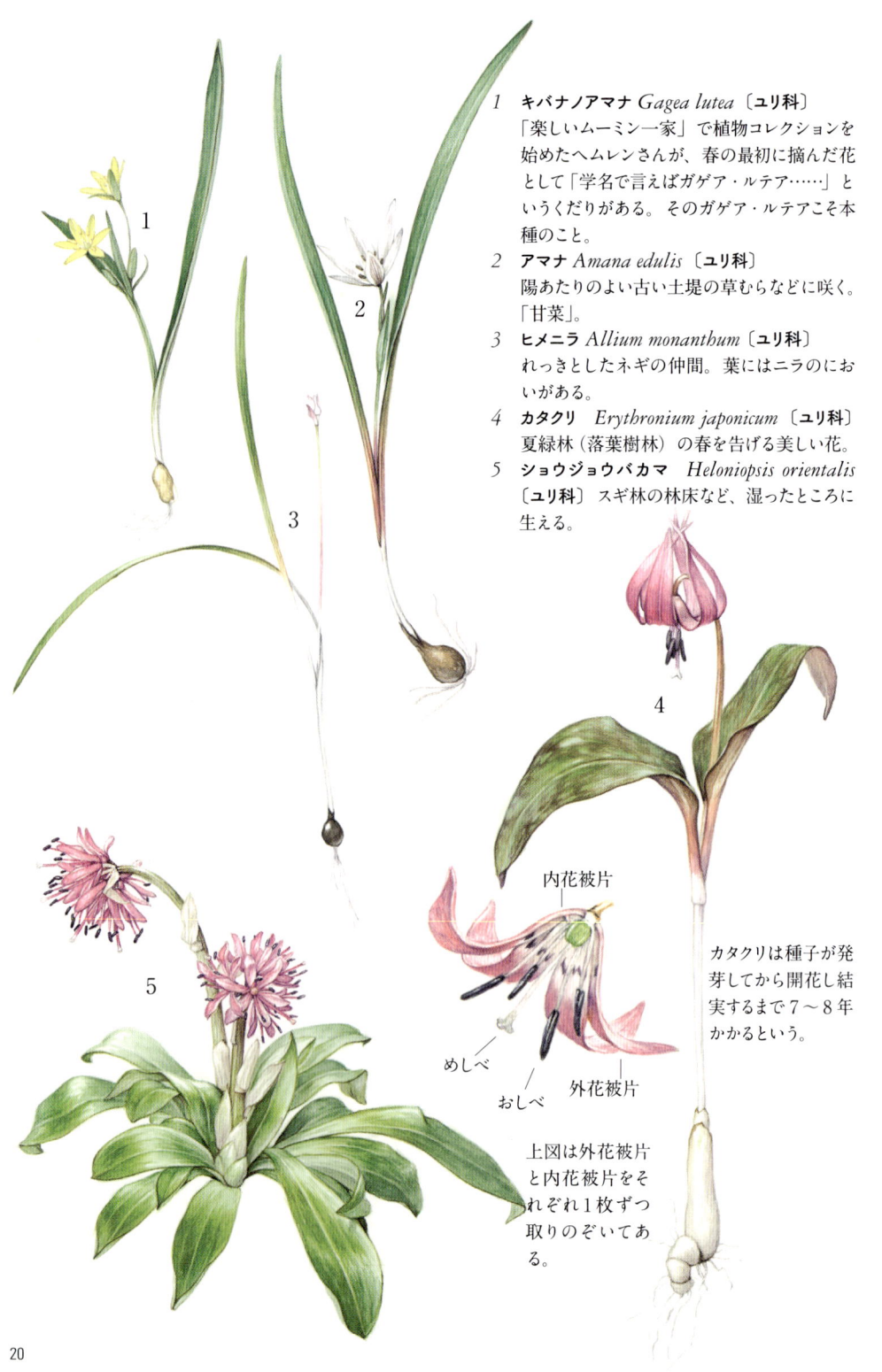

1 **キバナノアマナ** *Gagea lutea*〔ユリ科〕
「楽しいムーミン一家」で植物コレクションを始めたヘムレンさんが、春の最初に摘んだ花として「学名で言えばガゲア・ルテア……」というくだりがある。そのガゲア・ルテアこそ本種のこと。

2 **アマナ** *Amana edulis*〔ユリ科〕
陽あたりのよい古い土堤の草むらなどに咲く。「甘菜」。

3 **ヒメニラ** *Allium monanthum*〔ユリ科〕
れっきとしたネギの仲間。葉にはニラのにおいがある。

4 **カタクリ** *Erythronium japonicum*〔ユリ科〕
夏緑林(落葉樹林)の春を告げる美しい花。

5 **ショウジョウバカマ** *Heloniopsis orientalis*〔ユリ科〕 スギ林の林床など、湿ったところに生える。

カタクリは種子が発芽してから開花し結実するまで7〜8年かかるという。

上図は外花被片と内花被片をそれぞれ1枚ずつ取りのぞいてある。

6 **ジロボウエンゴサク** *Corydalis decumbens*〔ケマンソウ科〕
雑木林の縁や明るい草むらに生える。「次郎坊延胡索」。

7 **ヤマエンゴサク** *C. lineariloba*〔ケマンソウ科〕
夏緑林の林床などに生える。花の色は淡い紫色から空色。日本海側にはよく似たミチノクエンゴサクがある。北海道にはエゾエンゴサクがあって、大きな群落をつくる。

8 **ミヤマキケマン** *Corydalis pallida* var. *tenuis*〔ケマンソウ科〕
陽あたりのよい、土の崩れたようなところに生える。多年草のエンゴサクの仲間と異なり、ムラサキケマンやミヤマキケマンは二年草。

9 **カテンソウ** *Nanocnide japonica*〔イラクサ科〕
雑木林の縁などに群生する。

10 **ハルトラノオ** *Polygonum tenuicaule*〔タデ科〕
湿ったスギ林の林床などに生える。白い花に黒っぽいおしべの葯が目立つ。

長く伸びた節くれだった地下茎

意外に豊かなスギ林の春

　花粉症の元凶として敬遠されるスギだが、よく手入れされたスギ林には、思いがけないほどいろんな植物が暮らし、歩いて愉しいところである。その点では植生の貧弱なヒノキ林とは大違いだ。

1　**ヒナスミレ** *Viola takedana* 〔スミレ科〕
　木漏れ日の落ちるスギ林の斜面などに群生する。淡い紅紫色の花がとても可愛らしい。無茎性。
2　**エイザンスミレ** *Viola eizanensis* 〔スミレ科〕
　陽のあたる崖の斜面やスギ林の林床などに生える。花は大きく、普通は白いが濃いピンクのものもある。花にはよい香りがある。葉の形が特徴的。無茎性（→p24）。
3　**アオイスミレ**（→p26）
4　**フタバアオイ**（→p39）
5　**ウラシマソウ**（→次ページ）
6　**マムシグサ**（→p34）
7　**ヤマトリカブト**（→p110）
8　**キバナアキギリ**（→p111）
9　**ヤブレガサ** *Syneilesis palmata* 〔キク科〕
　芽生えの形から「破れ傘」の名がついた。

雄花　雌花

オウレン ⬆
Coptis japonica〔キンポウゲ科〕
雌雄異株。花弁状の萼片が5〜7枚。花弁はスプーン状の蜜腺に変化している。春早く咲く花のひとつ。

⬆ **ウラシマソウ**　*Arisaema thunbergii*
〔サトイモ科〕
うす暗い湿った林に咲く。和名は、花の形を釣り糸を垂れた浦島太郎に見たてたもの。マムシグサと同様、性転換をする（→ p35）。

⬅ **エンレイソウ**
Trillium apetalon〔ユリ科〕
「延齢草」と書く。湿った林に生える。近縁のミヤマエンレイソウやオオバナノエンレイソウは白い内花被片があるが、本種はそれを欠く。

⬅ **コシノコバイモ**　*Fritillaria koidzumiana*　〔ユリ科〕
「越の小貝母」。北陸地方を中心に分布する。ほかにカイコバイモ、ミノコバイモなどがある。

スミレ

スミレの仲間は茎が地上にあらわれないもの（無茎性、24、25ページの12種）と、地上で枝分かれする茎があるもの（有茎性、26ページの6種）に二分される。

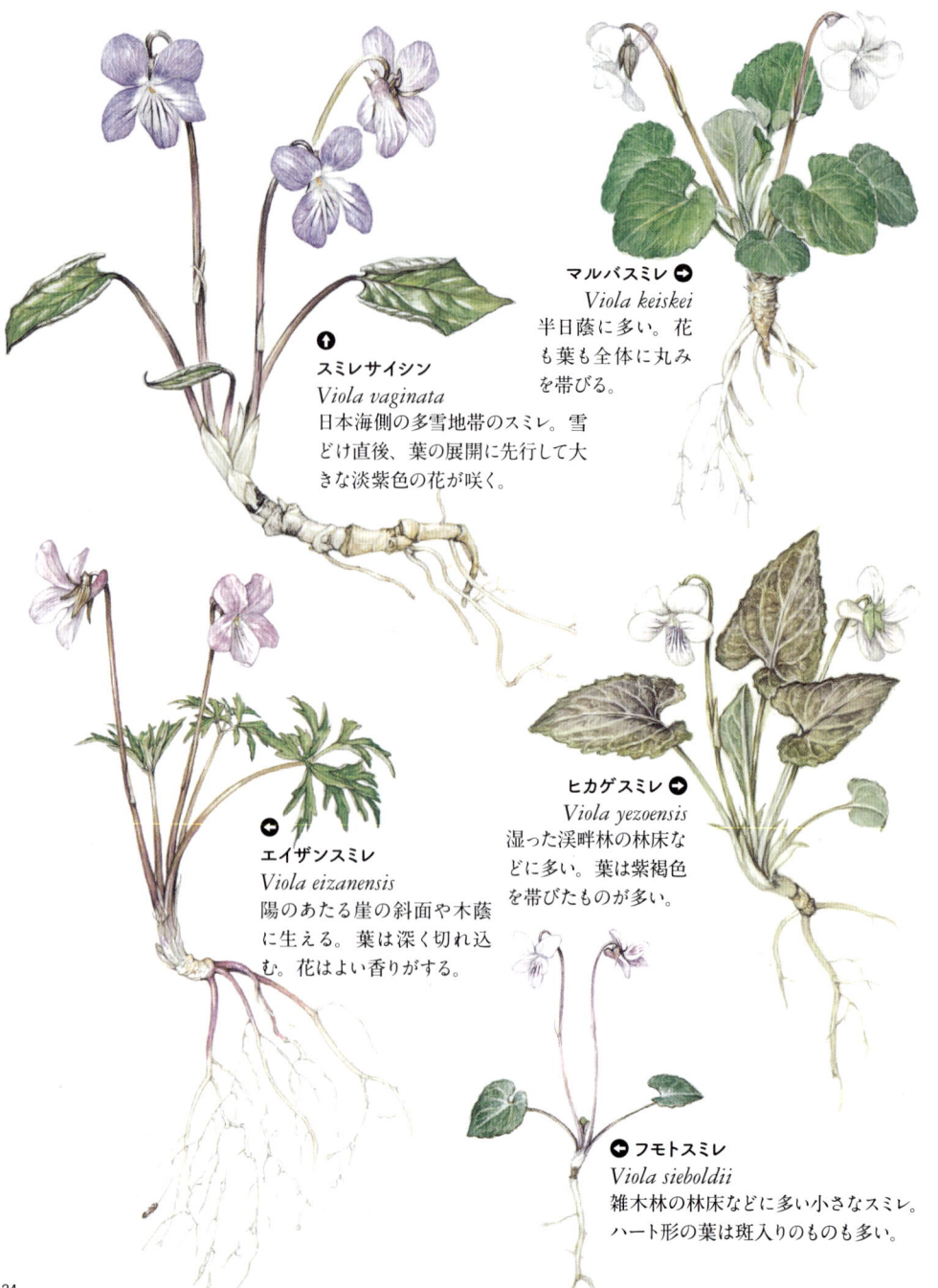

スミレサイシン
Viola vaginata
日本海側の多雪地帯のスミレ。雪どけ直後、葉の展開に先行して大きな淡紫色の花が咲く。

マルバスミレ
Viola keiskei
半日蔭に多い。花も葉も全体に丸みを帯びる。

エイザンスミレ
Viola eizanensis
陽のあたる崖の斜面や木蔭に生える。葉は深く切れ込む。花はよい香りがする。

ヒカゲスミレ
Viola yezoensis
湿った渓畔林の林床などに多い。葉は紫褐色を帯びたものが多い。

フモトスミレ
Viola sieboldii
雑木林の林床などに多い小さなスミレ。ハート形の葉は斑入りのものも多い。

🔼 **マキノスミレ**
Viola violacea var. *makinoi*
林縁の土の崩れかけた明るい斜面などに生える。花は濃い赤紫色。葉は上を向く。

スミレ ➡️
Viola mandshurica
和名を単に「スミレ」という。濃い紫色の花。側弁に白色毛がある。葉は細長く、葉柄には翼がある。陽あたりのよい土堤などに多い（→ p30）。

ヒメスミレ 🔽
Viola minor
人家周辺に多い小さなスミレ。花は濃い紫色。

🔼 **アケボノスミレ**
Viola rossi
明るく乾いた雑木林の斜面などに生える。葉の展開に先立って咲く鮮やかなピンク色の花が美しい。

アリアケスミレ ➡️
Viola betonicifolia var. *albescens*
公園の芝生などにしばしば群生する。花は白く側弁と唇弁に紫色のすじが入る。

アカネスミレ ➡️
Viola phalacrocarpa
陽あたりのよい土堤の土の崩れかけたようなところに生える。花は赤紫色で側弁に白色毛がある。葉には微毛が多い。

🔼 **コスミレ**
Viola japonica
人家周辺に多い小型のスミレ。変異が多い。

🔽 **タチツボスミレ** *Viola grypoceras*
陽あたりのよい土堤や明るい林縁部など、生育環境は広く、一番よく目につくスミレ。花の色にも変化が多い。同じような環境に生えるトガリアミガサタケは食用になる春のキノコだ。

ナガハシスミレ ➡️
Viola rostrata
主に日本海側に多く、タチツボスミレとよく似た環境に生える。長い嘴状の距が特徴。テングスミレとも。

⬅️ **アオイスミレ**
Viola hondoensis
春早く、雑木林やスギ林の林床などに咲く。花は淡い青紫色で、中心部が白い。「葵菫」と書き、夏の葉（→ p47）がフタバアオイのそれに似ていることから。

⬅️ **オオタチツボスミレ**
Viola kusanoana
日本海側の多雪地帯のスミレ。やや湿ったところに多く、葉は柔らかな感じ。

➡️ **ニョイスミレ**
Viola verecunda
やや湿ったところに生える。花期は遅い。ツボスミレとも。

ニオイタチツボスミレ ➡️
Viola obtusa
陽あたりのよい明るい土堤などに生える。花は丸みを帯び、濃紫色で中心部が白い。ほのかな香りがある。

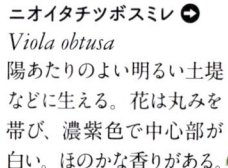

開放花と閉鎖花

スミレの仲間は、通常の花（開放花）のあとに閉鎖花をつけ、昆虫の送受粉なしに自家受粉によって結実する。

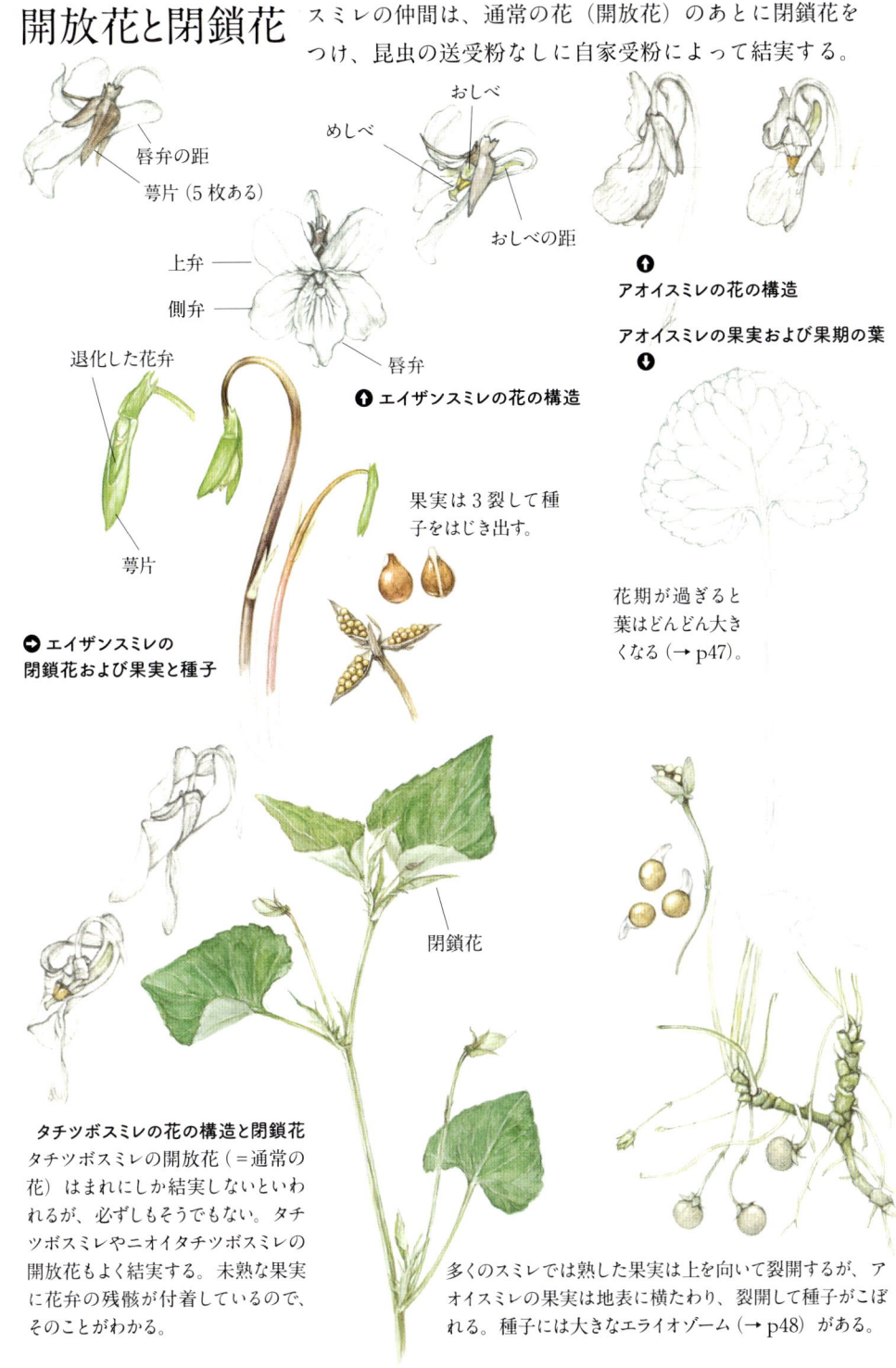

↑ アオイスミレの花の構造

↓ アオイスミレの果実および果期の葉

唇弁の距／萼片（5枚ある）／おしべ／めしべ／おしべの距／上弁／側弁／退化した花弁／唇弁／萼片

↑ エイザンスミレの花の構造

果実は3裂して種子をはじき出す。

➡ エイザンスミレの閉鎖花および果実と種子

花期が過ぎると葉はどんどん大きくなる（→ p47）。

閉鎖花

タチツボスミレの花の構造と閉鎖花
タチツボスミレの開放花（＝通常の花）はまれにしか結実しないといわれるが、必ずしもそうでもない。タチツボスミレやニオイタチツボスミレの開放花もよく結実する。未熟な果実に花弁の残骸が付着しているので、そのことがわかる。

多くのスミレでは熟した果実は上を向いて裂開するが、アオイスミレの果実は地表に横たわり、裂開して種子がこぼれる。種子には大きなエライオソーム（→ p48）がある。

清明　4月上旬
せいめい

百花繚乱の森の春の宴は今やたけなわ。

　カタクリやエンレイソウに加えて、これまたたくさんのスミレの花が、花を咲かせる。ヒナスミレやエイザンスミレのかたわらで小さなタケノコのような姿を見せたのはウラシマソウ。

　雑木林に、ヤマザクラの淡紅色の花が咲きだす。花が咲く頃のウリカエデのつやのあるオリーブグリーンの若葉も美しい。林床の花に見とれているあいだに、樹木の枝先の若葉が展開しはじめた。

　林の縁の白いモミジイチゴの花に、羽音をうならせてマルハナバチがやってくる。陽あたりのよい土堤では、タンポポやカキドオシが昆虫を招いている。レンゲの花も、ちょうど見頃だろう。

1　レンゲ（→ p31）　2　タネツケバナ（→ p13）
3　スカシタゴボウ（→ p32）
4　スズメノテッポウ *Alopecurus aequalis*〔イネ科〕
　葉鞘を笛にして遊ぶ。「ピーピーグサ」とも。
5　スズメノカタビラ *Poa annua*〔イネ科〕
　「雀の帷子」。
6　ノミノフスマ *Stellaria alsine* var. *undulata*
　〔ナデシコ科〕「蚤の衾」。
7　タビラコ *Lapsana apogonoides*〔キク科〕
　「田平子」と書く。春の田んぼに咲く冬緑型の二年草。春の七草の「仏の座」は本種（→ p132）。
8　ムラサキサギゴケ *Mazus miquelii*〔ゴマノハグサ科〕
　「紫鷺苔」。田の畦などに生え、ほふく枝を出してふえる。よく似たトキワハゼはほふく枝を出さない。単にサギゴケともいい、白い花のものもあるが同一種。
9　トウダイグサ *Euphorbia helioscopia*〔トウダイグサ科〕
　「燈台草」。農耕地の雑草。原産地は地中海沿岸という（→ p31）。

ものしりコラム＊他人の空似

ムラサキサギゴケとカキドオシは花の形や色がおどろくほどよく似ている。タチツボスミレの花もよく似た形だ。ヒゲナガハナバチなどがよく訪花する。

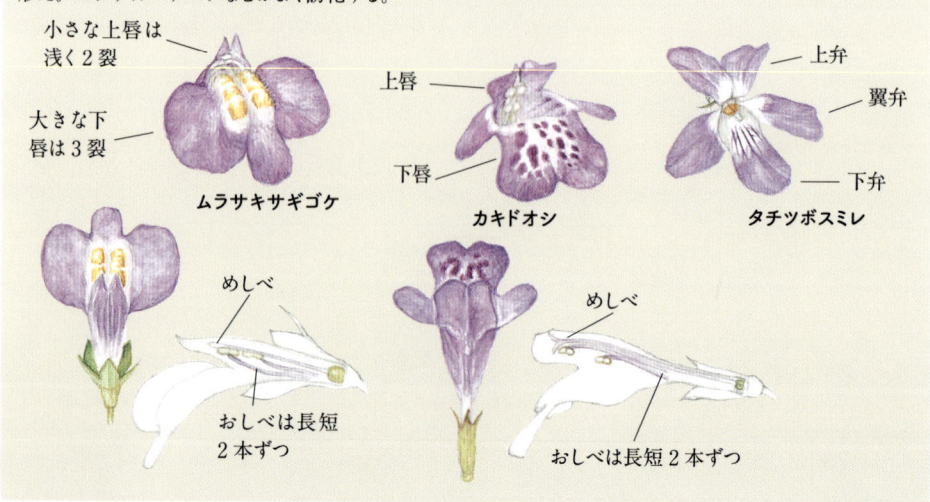

ある世代以上の人たちは、レンゲ畑で遊んだ記憶がきっとあるはずだ。
ぼくはというと不用意に触れたミツバチに刺された痛い記憶が残っている。

陽あたりのよい土堤の枯れ草のあいだから、キンポウゲやスミレの花が咲きだす。陽の光を受けてきらきら輝くキンポウゲは、陽気な感じの花だ。英名の Buttercup もよく知られている。花言葉は、memories of childhood（子どもの頃の思い出）。夕暮れには花を閉じ、うなだれる。フデリンドウも陽射しの降りそそぐ時にだけ花をひらく。スミレも、明るい土堤に咲く花。ワレモコウの葉も見える。

1 キンポウゲ *Ranunculus japonicus*〔キンポウゲ科〕
明るい草むらに生える。別名の「ウマノアシガタ（馬の足形）」は、じつは「鳥の足形」の読み違えではないかとの説がある。この仲間の植物の英名 Crowfoot（カラスの足）ともども、葉の形に由来するものだろう。ドイツでは Hahnenfuss「ニワトリの足」だ。

2 フデリンドウ *Gentiana zollingeri*〔リンドウ科〕

3 スミレ *Viola mandshurica*〔スミレ科〕（→ p25）

4 カラスノエンドウ *Vicia angustifolia*〔マメ科〕

5 スズメノヤリ *Luzula capitata*〔イグサ科〕
「雀の槍」。花序の形を毛槍に見立てたものらしい。

レンゲ ↑
Astragalus sinicus 〔マメ科〕
レンゲの果実は、熟していく過程で柄が立ちあがり、果実はほぼ反転する。果実は縦に溝ができて、ふたつに裂け、左右の袋に分かれる。

↑ **カラスノエンドウ**
Vicia angustifolia 〔マメ科〕
黒く熟した豆果が名の由来らしい。
小さな葉が羽根のようについて1枚の葉を形成するものを羽状複葉という。葉の先端はまきひげになる。葉のつけ根の托葉の裏には皿状のくぼみがあって蜜を分泌し、よくアリがやってくる。花以外にある蜜腺を花外蜜腺といい、アリをガードマンに傭って外敵を防ぐのだという。

雄花　雌花

↑
フデリンドウ *Gentiana zollingeri* 〔リンドウ科〕
花の咲き方から「筆竜胆」。春に咲くリンドウには、ほかにハルリンドウがあるが、大きな根生葉から数本の花茎が出るところが異なる。

↑
トウダイグサ *Euphorbia helioscopia* 〔トウダイグサ科〕
トウダイグサの花は、複雑な入れ子構造になっている。苞の変形した「つぼ」の中に、花弁も萼片も失い、おしべだけになった雄花が数個と、同じようにめしべだけになった雌花が1個おさまっている。「つぼ」の縁は蜜腺体になる。類例のない形で、杯状花序とよばれる。「トウダイ」は昔の燭台の形に姿が似ているから。茎を折ると白い乳液が出る。

アブラナ科とバラ科の黄色い花

⬅ **セイヨウアブラナ** *Brassica napus*
菜種油を採るために栽培されるが、野生化していることも多い。葉は粉をふいたように白っぽく、基部は茎を抱く。よく似たセイヨウカラシナは、花は小型で葉の基部も茎を抱かない。

蜜腺

アブラナの花は花弁が4枚、萼片が4枚。長いおしべが4本、短いおしべが2本、めしべが1本。

➡ **ハルザキヤマガラシ** *Barbarea vulgaris*
ヨーロッパ原産の帰化種。葉は厚みがあり、羽状に裂ける。河原の礫地などに多い。

⬇ **スカシタゴボウ** *Rorippa islandica*
妙な名前だが「透し田牛蒡」と書くのだそうだ。田の畔などにごく普通に見られる。果実はくびれのある俵型。

⬆ **イヌガラシ** *Rorippa indica*
スカシタゴボウとよく似ているが、果実と葉の形が違う。

⬆ **ショカツサイ**
Orychophragmus violaceus
ムラサキハナナとかオオアラセイトウともいう。中国からの帰化植物。若芽を食用にするという。

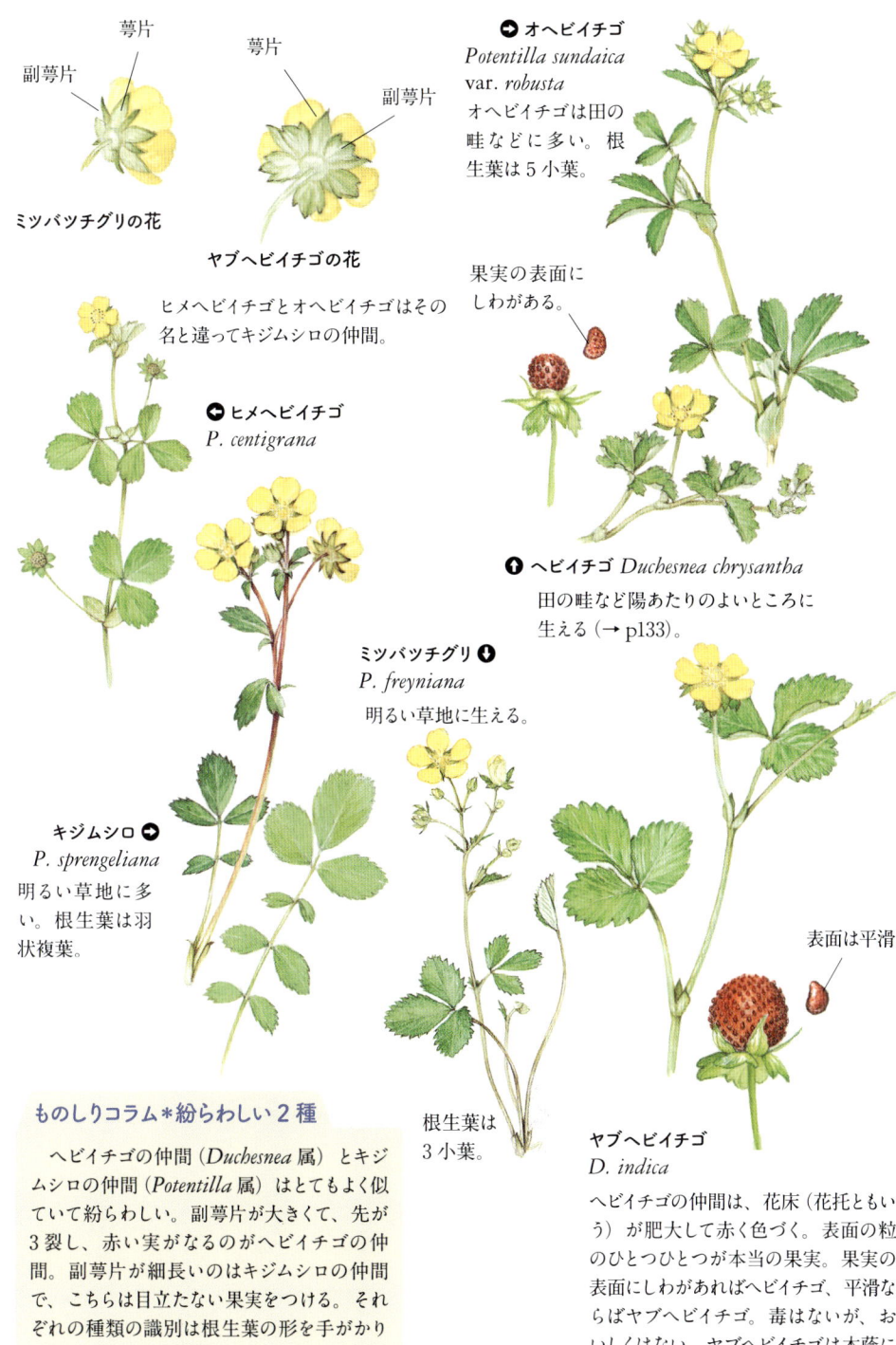

萼片／副萼片
ミツバツチグリの花

萼片／副萼片
ヤブヘビイチゴの花

ヒメヘビイチゴとオヘビイチゴはその名と違ってキジムシロの仲間。

◐ オヘビイチゴ
Potentilla sundaica var. *robusta*
オヘビイチゴは田の畦などに多い。根生葉は5小葉。

果実の表面にしわがある。

◐ ヒメヘビイチゴ
P. centigrana

◐ ヘビイチゴ *Duchesnea chrysantha*
田の畦など陽あたりのよいところに生える（→ p133）。

ミツバツチグリ ◐
P. freyniana
明るい草地に生える。

キジムシロ ◐
P. sprengeliana
明るい草地に多い。根生葉は羽状複葉。

表面は平滑

根生葉は3小葉。

ヤブヘビイチゴ
D. indica

ものしりコラム＊紛らわしい2種

ヘビイチゴの仲間（*Duchesnea* 属）とキジムシロの仲間（*Potentilla* 属）はとてもよく似ていて紛らわしい。副萼片が大きくて、先が3裂し、赤い実がなるのがヘビイチゴの仲間。副萼片が細長いのはキジムシロの仲間で、こちらは目立たない果実をつける。それぞれの種類の識別は根生葉の形を手がかりにする。生育する環境も少しずつ違う。

ヘビイチゴの仲間は、花床（花托ともいう）が肥大して赤く色づく。表面の粒のひとつひとつが本当の果実。果実の表面にしわがあればヘビイチゴ、平滑ならばヤブヘビイチゴ。毒はないが、おいしくはない。ヤブヘビイチゴは木蔭に多く、全体にヘビイチゴよりも大柄だ。

性転換する植物たち

タチツボスミレが盛りをすぎ、雑木林のヤマザクラが満開になるころ、チゴユリが白い清楚な花を咲かせる。マムシグサが一種異様な姿をあらわすのもこのころだ。

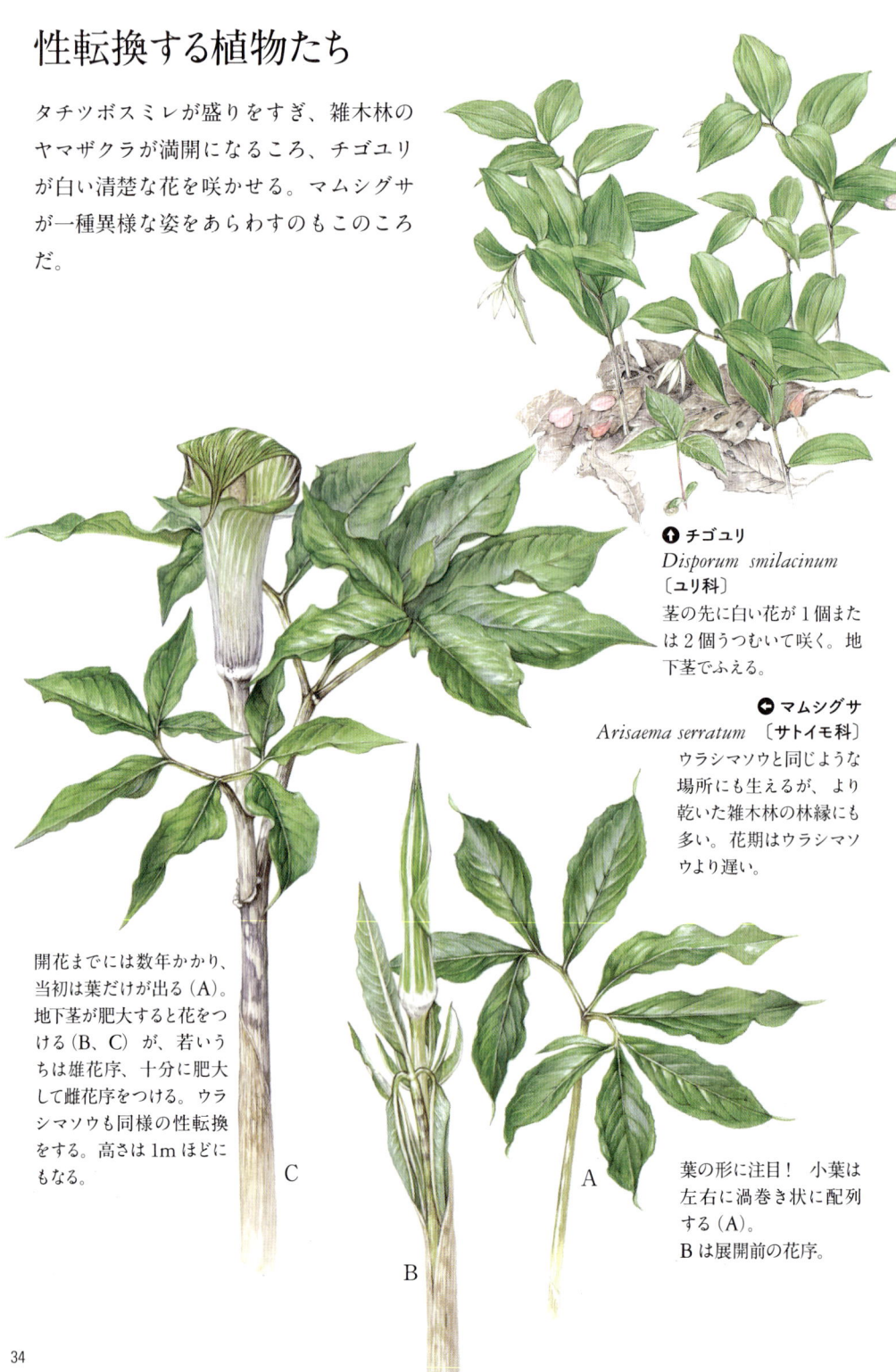

🔼 **チゴユリ**
Disporum smilacinum
〔ユリ科〕
茎の先に白い花が1個または2個うつむいて咲く。地下茎でふえる。

🔽 **マムシグサ**
Arisaema serratum 〔サトイモ科〕
ウラシマソウと同じような場所にも生えるが、より乾いた雑木林の林縁にも多い。花期はウラシマソウより遅い。

開花までには数年かかり、当初は葉だけが出る（A）。地下茎が肥大すると花をつける（B、C）が、若いうちは雄花序、十分に肥大して雌花序をつける。ウラシマソウも同様の性転換をする。高さは1mほどにもなる。

葉の形に注目！ 小葉は左右に渦巻き状に配列する（A）。
Bは展開前の花序。

ウラシマソウの花序とその断面スケッチ
棒状の構造（肉穂）の先が糸状に長く伸び、50〜60cmにもなる。

マムシグサの花序とその断面のスケッチ
苞は緑色から紫褐色まで変化が多い。緑または紫褐色と白の縦縞模様はなかなか美しい。
ウラシマソウやマムシグサ、あるいはザゼンソウやミズバショウなど、サトイモ科の大きな苞を「仏炎苞」とよぶ。

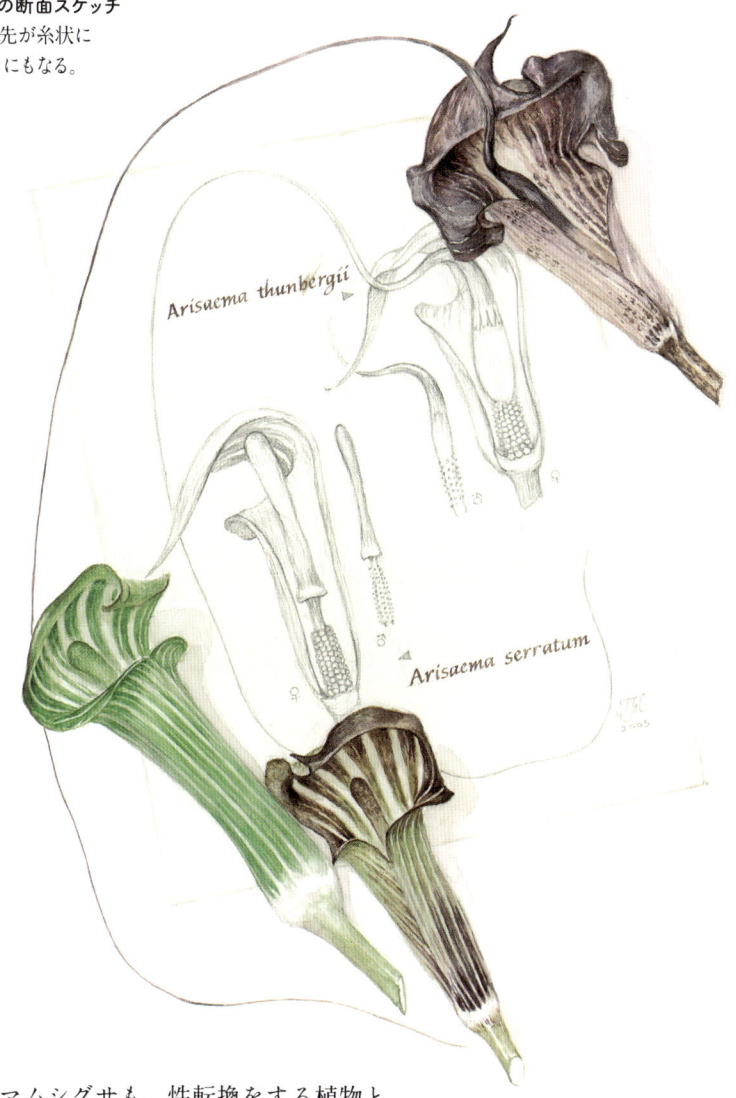

　ウラシマソウもマムシグサも、性転換をする植物としてよく知られている。花茎の先の大きな苞を開いてみると、棒状の構造があってその基部に小さな花が密集してついている。こういう形を肉穂花序とよぶ。若くて地下茎が十分な大きさになっていない個体では雄花だけをつけ、十分に肥大した個体では雌花だけをつける。

穀雨 _{こくう}　4月下旬

　この頃から5月の連休にかけての時期が、関東の平野部では一年中で一番晴れやかで輝かしい季節ではないだろうか。

　白銀のうぶ毛をまとった淡緑色のコナラの若葉は、遠目には柔らかいベルベットのように雑木林の樹冠を包み、ヤマザクラやカエデやシデやミズキの若葉が、飴色やオリーブグリーンや、ときには金色を帯びた色を添える光景には息をのむ。秋の紅葉とくらべたらほんの一瞬のことなので、いっそうこのひとときは貴重なものに思えて、ついうっとりと見とれることになる。が、それも束の間、壮麗な自然の行進曲を振る指揮者は、指揮棒も吹き飛ぶくらいにあおり立て、一気に新緑の絶頂へと駆けのぼっていく。ゆく春への哀惜の情もまたひとしおだ。林床では、イチリンソウやヤマブキソウが、森の春の最後を彩る。土堤の草むらにはキンポウゲが一面に群れて咲く。秋に花を咲かせるであろうワレモコウやツリガネニンジンの若芽も伸びている。

「照りもせず曇りも果てぬ春の夜の朧月夜にしくものぞなき」（大江千里「新古今」巻1）

　千金に値するという、なまめかしい春の宵、開け放った窓から聞こえてくる「ジィー」という単調な虫の音はクビキリギス。成虫で冬を越して、春に鳴くキリギリスの仲間の昆虫だ。

● *イカリソウ*
Epimedium grandiflolum var. *thunbergianum* 〔メギ科〕
花の形が船の錨に似ている。漢方では「淫羊藿」_{いんようかく}と呼び、強壮薬として用いる。

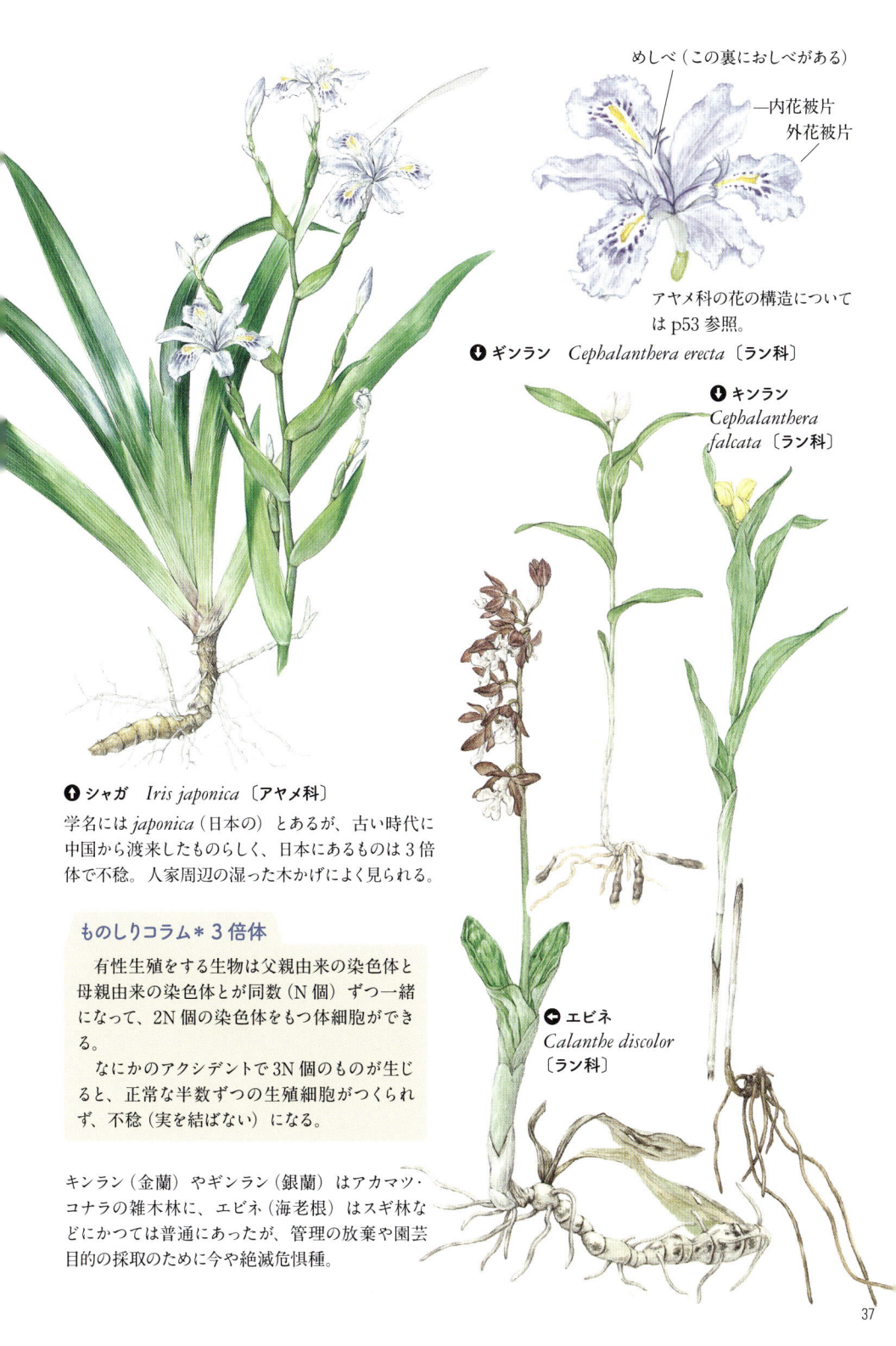

めしべ（この裏におしべがある）
内花被片
外花被片

アヤメ科の花の構造については p53 参照。

⬇ ギンラン　*Cephalanthera erecta*〔ラン科〕

⬇ キンラン　*Cephalanthera falcata*〔ラン科〕

⬆ シャガ　*Iris japonica*〔アヤメ科〕

学名には *japonica*（日本の）とあるが、古い時代に中国から渡来したものらしく、日本にあるものは3倍体で不稔。人家周辺の湿った木かげによく見られる。

ものしりコラム＊3倍体

有性生殖をする生物は父親由来の染色体と母親由来の染色体とが同数（N個）ずつ一緒になって、2N個の染色体をもつ体細胞ができる。

なにかのアクシデントで3N個のものが生じると、正常な半数ずつの生殖細胞がつくられず、不稔（実を結ばない）になる。

⬅ エビネ　*Calanthe discolor*〔ラン科〕

キンラン（金蘭）やギンラン（銀蘭）はアカマツ・コナラの雑木林に、エビネ（海老根）はスギ林などにかつては普通にあったが、管理の放棄や園芸目的の採取のために今や絶滅危惧種。

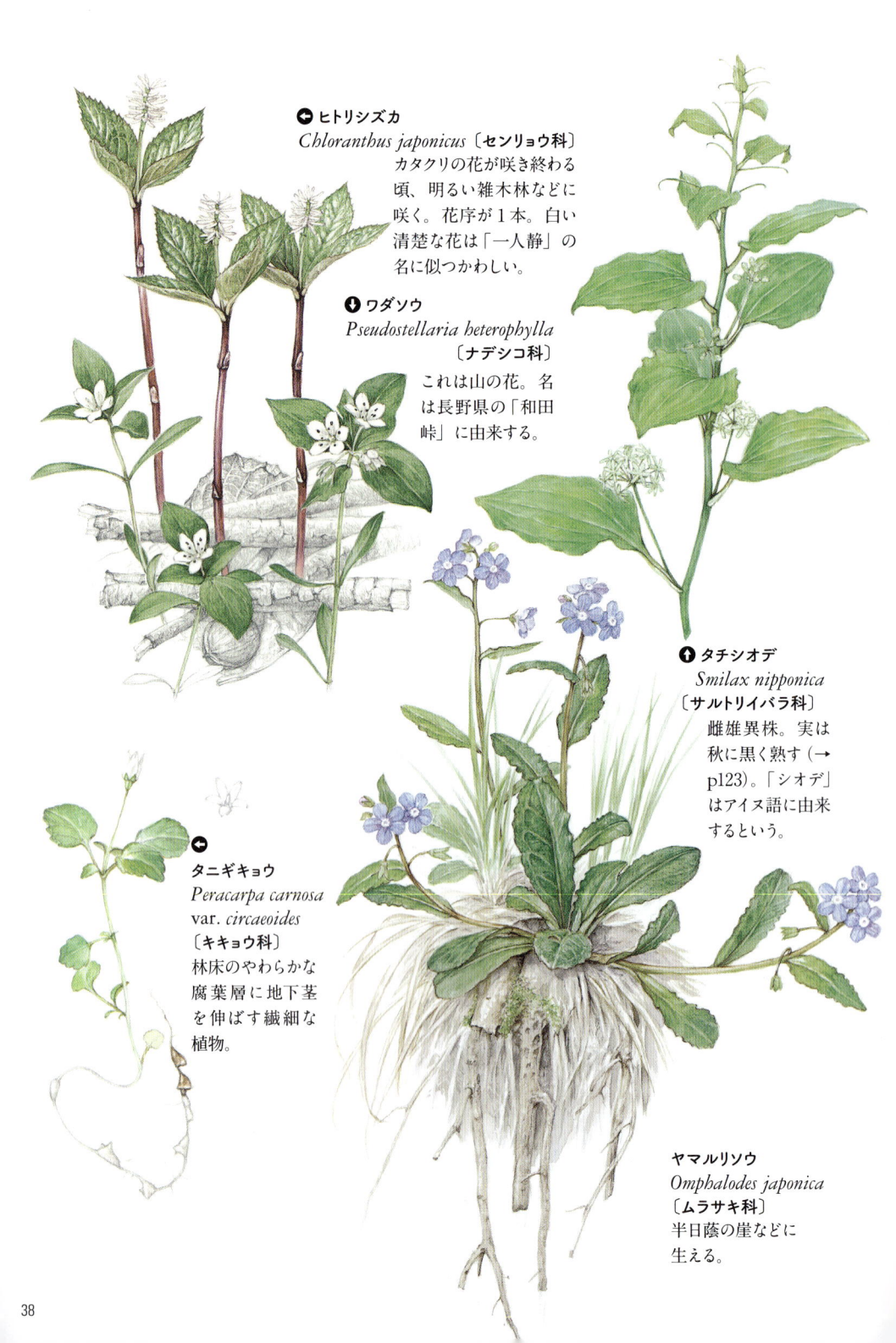

◀ **ヒトリシズカ**
Chloranthus japonicus〔センリョウ科〕
カタクリの花が咲き終わる頃、明るい雑木林などに咲く。花序が1本。白い清楚な花は「一人静」の名に似つかわしい。

▼ **ワダソウ**
Pseudostellaria heterophylla
〔ナデシコ科〕
これは山の花。名は長野県の「和田峠」に由来する。

▲ **タチシオデ**
Smilax nipponica
〔サルトリイバラ科〕
雌雄異株。実は秋に黒く熟す（→p123）。「シオデ」はアイヌ語に由来するという。

◀ **タニギキョウ**
Peracarpa carnosa var. *circaeoides*
〔キキョウ科〕
林床のやわらかな腐葉層に地下茎を伸ばす繊細な植物。

ヤマルリソウ
Omphalodes japonica
〔ムラサキ科〕
半日蔭の崖などに生える。

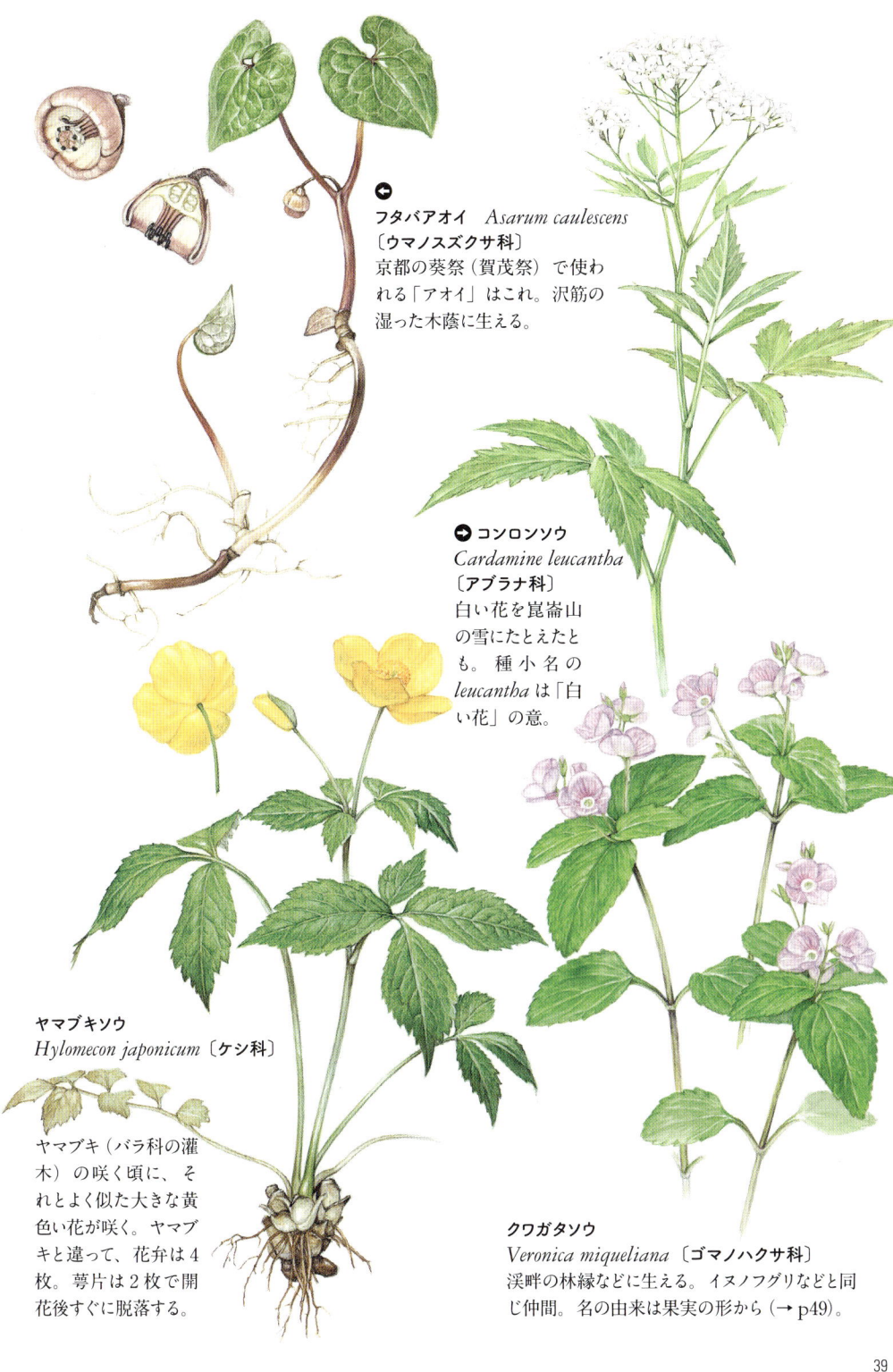

◒ **フタバアオイ** *Asarum caulescens*
〔ウマノスズクサ科〕
京都の葵祭（賀茂祭）で使われる「アオイ」はこれ。沢筋の湿った木蔭に生える。

◒ **コンロンソウ**
Cardamine leucantha
〔アブラナ科〕
白い花を崑崙山の雪にたとえたとも。種小名の *leucantha* は「白い花」の意。

ヤマブキソウ
Hylomecon japonicum 〔ケシ科〕

ヤマブキ（バラ科の灌木）の咲く頃に、それとよく似た大きな黄色い花が咲く。ヤマブキと違って、花弁は4枚。萼片は2枚で開花後すぐに脱落する。

クワガタソウ
Veronica miqueliana 〔ゴマノハクサ科〕
渓畔の林縁などに生える。イヌノフグリなどと同じ仲間。名の由来は果実の形から（→ p49）。

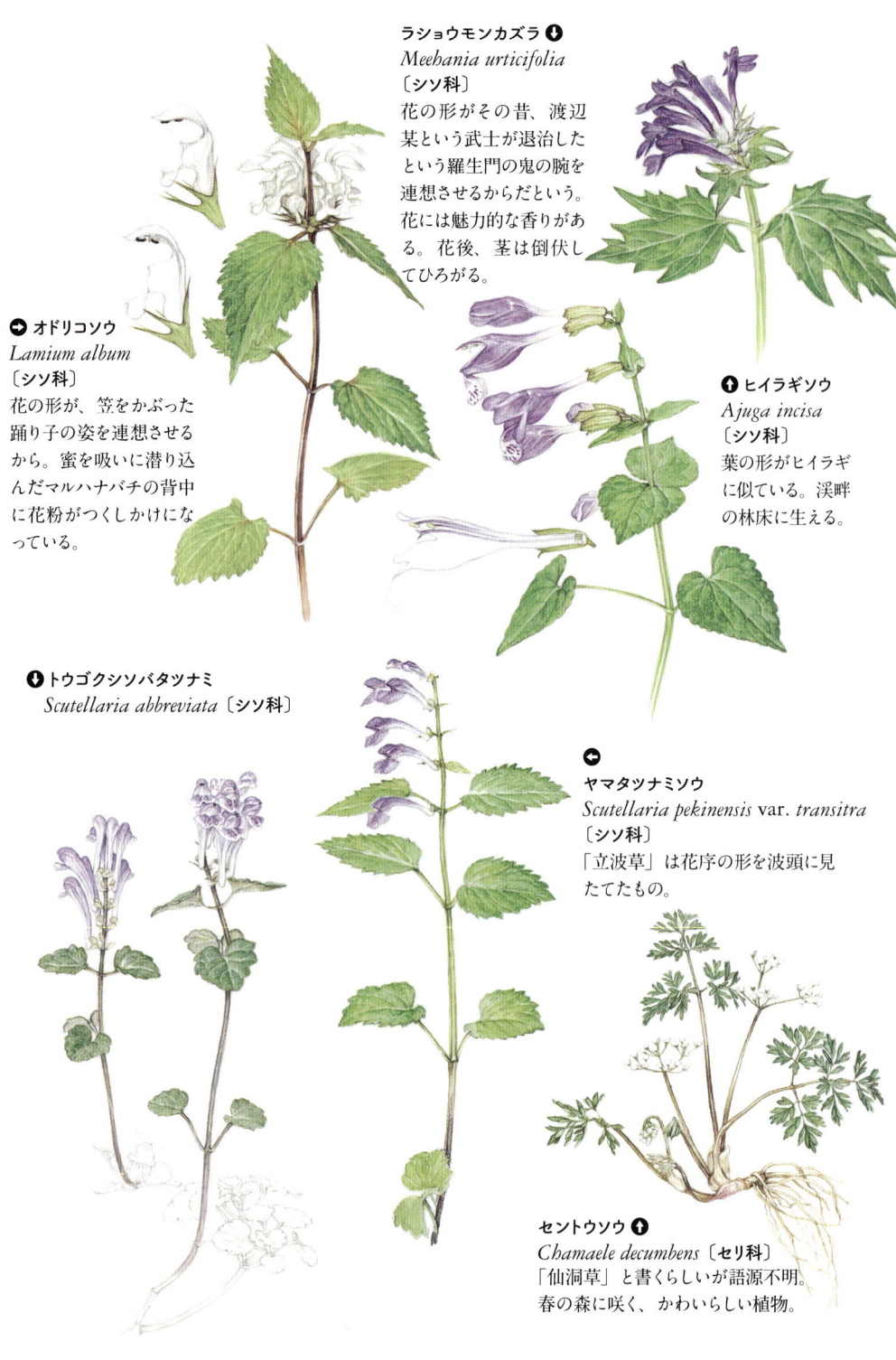

ラショウモンカズラ
Meehania urticifolia
〔シソ科〕
花の形がその昔、渡辺某という武士が退治したという羅生門の鬼の腕を連想させるからだという。花には魅力的な香りがある。花後、茎は倒伏してひろがる。

オドリコソウ
Lamium album
〔シソ科〕
花の形が、笠をかぶった踊り子の姿を連想させるから。蜜を吸いに潜り込んだマルハナバチの背中に花粉がつくしかけになっている。

ヒイラギソウ
Ajuga incisa
〔シソ科〕
葉の形がヒイラギに似ている。渓畔の林床に生える。

トウゴクシソバタツナミ
Scutellaria abbreviata 〔シソ科〕

ヤマタツナミソウ
Scutellaria pekinensis var. *transitra*
〔シソ科〕
「立波草」は花序の形を波頭に見たてたもの。

セントウソウ
Chamaele decumbens 〔セリ科〕
「仙洞草」と書くらしいが語源不明。春の森に咲く、かわいらしい植物。

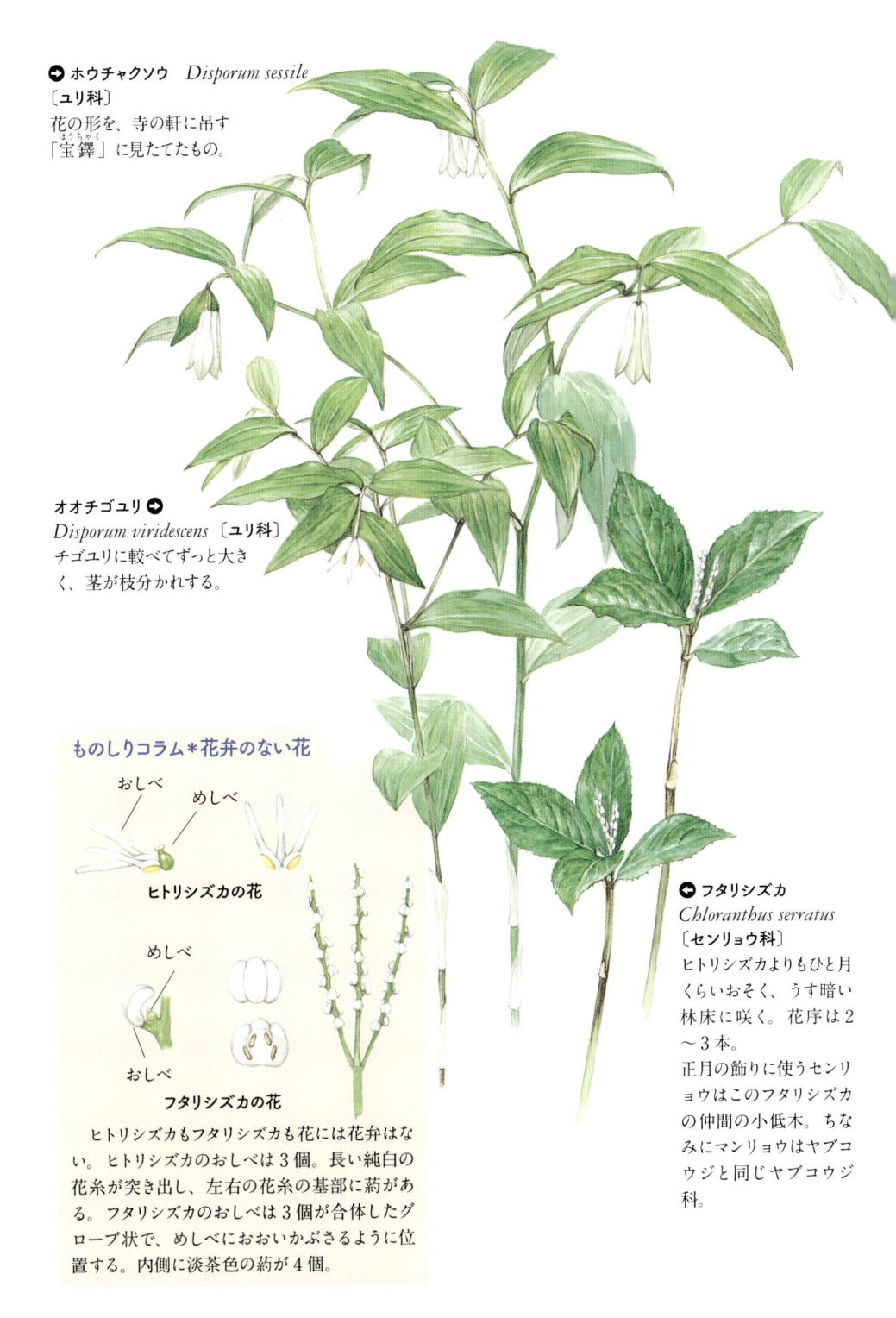

ホウチャクソウ *Disporum sessile*
〔ユリ科〕
花の形を、寺の軒に吊す「宝鐸(ほうちゃく)」に見たてたもの。

オオチゴユリ
Disporum viridescens 〔ユリ科〕
チゴユリに較べてずっと大きく、茎が枝分かれする。

フタリシズカ
Chloranthus serratus
〔センリョウ科〕
ヒトリシズカよりもひと月くらいおそく、うす暗い林床に咲く。花序は2〜3本。
正月の飾りに使うセンリョウはこのフタリシズカの仲間の小低木。ちなみにマンリョウはヤブコウジと同じヤブコウジ科。

ものしりコラム＊花弁のない花

おしべ　めしべ
ヒトリシズカの花

めしべ
おしべ
フタリシズカの花

　ヒトリシズカもフタリシズカも花には花弁はない。ヒトリシズカのおしべは3個。長い純白の花糸が突き出し、左右の花糸の基部に葯がある。フタリシズカのおしべは3個が合体したグローブ状で、めしべにおおいかぶさるように位置する。内側に淡茶色の葯が4個。

花の構造を観察する

ハルジオンの花の群れのなかに赤紫色のノアザミが咲く。ウスバシロチョウが優雅に舞う春の野原。

1 ムラサキケマン *Corydalis incisa*〔ケマンソウ科〕
草むらや林縁部などに普通に見られる二年草。ウスバシロチョウの食草。
2 ジロボウエンゴサク（→ p21）　　3 キンポウゲ（→ p30）
4 クサノオウ *Chelidonium majus*〔ケシ科〕
茎を折ると黄橙色の汁が出る。花弁は4枚。全体に柔らかな白色毛がある。
5 ハルジオン *Erigeron philadelphicus*〔キク科〕
北米原産。昭和初期の園芸植物図鑑には、花壇の花として載っている。ヒメジョオンは花期が少し遅い。
6 ノアザミ *Cirsium japonicum*〔キク科〕
春に土堤の草むらに咲くアザミはこれ。総苞片は粘る。
7 キツネアザミ *Hemistepta lyrata*〔キク科〕
アザミに似た花だが、真のアザミの仲間ではなく、刺もない。多年草のノアザミと異なり、こちらは冬緑型の二年草。
8 スイバ *Rumex acetosa*〔タデ科〕
草むらにごく普通に見られる。雌雄異株。かむと酸っぱいので「酸い葉」。「スカンポ」ともいう。
9 ウスバシロチョウ *Parnassius glacialis*〔アゲハチョウ科〕
草むらをゆるやかに舞う。原始的なアゲハチョウの仲間。成虫は春にだけ現れる。幼虫の食草はムラサキケマン。
10 コアオハナムグリ *Oxycetonia jucunda*〔コガネムシ科〕
「小青花潜り」。ノアザミなどの花に頭を突っ込んで花粉を食べる。近縁のものにアオハナムグリやクロハナムグリなどがいる。

キツネアザミの花の断面

ノアザミの筒状花 ➡
白い花粉が押し出され（B）、その後、めしべが伸長する（C）。
A B C

ハルジオンの花の断面。外側に細長い舌状花（A）、中央部に多数の筒状花（B）がある。
B A

ものしりコラム＊茎で見分ける

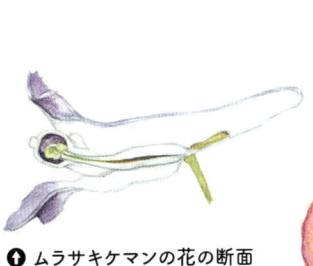

⬆ ムラサキケマンの花の断面
4枚の花びらが立体的で複雑な構造をつくっている。内側の2枚の花びらに包まれておしべとめしべがある。

スイバの雌花
スイバは雌雄異株。赤い糸くずのようなのはめしべの柱頭。内花被が成長し、果実を包み込む。

ヒメジョオン（左）の茎の内部は白い髄が詰まっている。ハルジオン（右）は茎が中空。花期はヒメジョオンのほうがおそい。

タンポポに似た花

　春の野原には黄色い花の咲く植物がたくさんある。種類も個体数も多い。

　タンポポをはじめ、ジシバリ、ニガナ、それからヘビイチゴやミツバツチグリやアブラナの仲間、それに加えてクサノオウやキンポウゲ。共通しているのは花が皿状でおしべもめしべも露出していること。黄色はハナアブの好きな色らしい。

　ここにあげたものはみな、タンポポと同じ構造の花。どれも舌状花だけで構成されている。茎を折ると白い乳液が出るのも共通の性質。

1　**ジシバリ** *Ixeris stolonifer*　「地縛り」。「岩苦菜」ともいう。
2　**オオジシバリ** *I. debilis*　「大地縛り」
　　オオジシバリはジシバリよりも花がずっと大きく田の畦などの湿ったところに生える。
3　**ニガナ** *I. dentata*　「苦菜」
　　明るい草むらに普通に見られる。ほっそりした姿には風情がある。種小名の *dentata* は葉に歯状の鋸歯があるから。
4　**オニタビラコ** *Youngia japonica*　「鬼田平子」
　　人家周辺にも多い。全体に細かい毛がある。タビラコ（→ p28）にくらべて大きいことからつけられた名だが、タビラコは別属。
5　**ノゲシ** *Sonchus oleraceus*　「野罌粟」
　　「ハルノノゲシ」ともいうが、秋にも咲く。史前帰化植物（→ p108）といわれる。
6　**オニノゲシ** *S. asper*　「鬼野罌粟」
　　ノゲシに似ているが、葉に刺があって触れると痛い。ヨーロッパ原産の帰化植物。秋にも咲く。
7　**コウゾリナ** *Picris hieracioides*　「髪剃菜」
　　全体に剛毛があり、ざらざらする。和名は「剃刀菜（カミソリナ）」が転訛したものだという。茎の剛毛のために触れると痛いので。

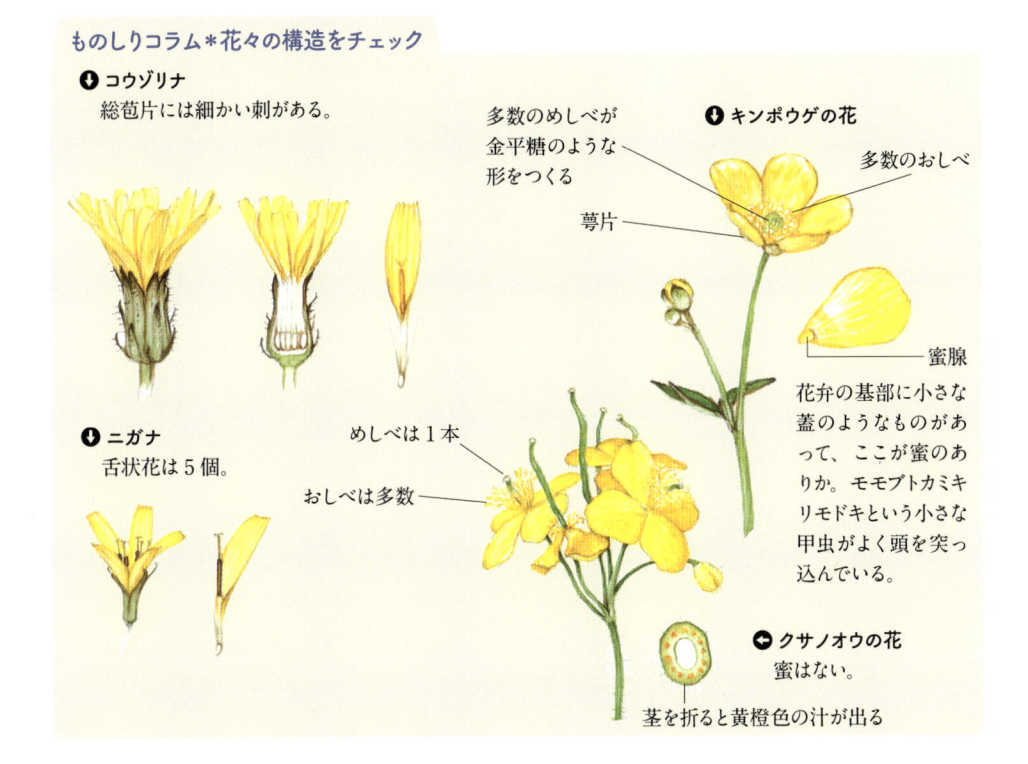

ものしりコラム＊花々の構造をチェック

⬇ コウゾリナ
総苞片には細かい刺がある。

⬇ ニガナ
舌状花は5個。

⬇ キンポウゲの花
多数のめしべが金平糖のような形をつくる
多数のおしべ
萼片
蜜腺
花弁の基部に小さな蓋のようなものがあって、ここが蜜のありか。モモブトカミキリモドキという小さな甲虫がよく頭を突っ込んでいる。

めしべは1本
おしべは多数

⬅ クサノオウの花
蜜はない。
茎を折ると黄橙色の汁が出る

立夏　5月上旬

❶ 未熟な果実をつけたカタクリ。養分は地下茎に転流していくのだろうか。色がぬけ、とろけるように消えていく葉の幻想的な美しさ。一見の価値がある。

　春の林床を彩った植物は、開花後およそひと月ほどで地上部の生活を終えるものが少なくない。カタクリもそのひとつ。ある年、4月のはじめ頃に花を描いた場所に、ちょうどひと月たって、そのようすを見に行った。ミツバアケビやヤマツツジの咲く、新緑の雑木林の林床はすっかり陽がさえぎられて、早春の明るさはどこへやら。
　カタクリはといえば、大きく肥大した果実に花茎もたわみ、熟して割れるのも間近。そして、クリやイタヤカエデの落ち葉の上に役目を終えてはりついている、その葉の最期の美しさといったら！　とけるように消えていくそのさまは、淡い黄色から紅色を帯び、半透明になって脈だけがうき出、まるでカゲロウかセミの翅のように美しく幻想的だった。

藤の花が散って春がゆき、純白の卯の花（ウツギ）がこぼれるように咲くと夏を迎える……という季節感は、どうやら古今集あたりからのようだ。春と夏との境目というわけだが、実際、この前後で自然の様相はずいぶん変わる。早春の花が咲き乱れた明るい林床の景色はあとかたもなく、新緑に覆われた森はすっかり薄暗くなって、下草も繁りだし、足を踏み入れ難くなってきた。枯れ葉の上に、かさこそと足音をたてるものがいる。なんだろうと思って見ると、オサムシやゴミムシの仲間だったりする。昆虫が活発に活動しはじめたのだ。

　それにあわせて早春の花々は果実が熟し、種子をこぼす。いそいそと働くアリに報酬を与え、そのかわりにタネを運んでもらおうとする植物はたくさんある。

　田植えの済んだ水田のそばの雑木林に、ホオノキの大きな白い花が咲き、はるか遠くまでよい香りをとどけてくる。葉も大きければ花も大きい。開ききると、直径は20cmほどにもなるだろう。間近に見る機会は少ないが、柑橘系の強烈な芳香は条件によっては100mくらい離れていてもとどくので、においを手がかりにして探してみると見つかるはずだ。

　アカマツ林で「ミョーキィー　ミョーキィー　ケケケケケ……」と鳴くのはハルゼミ。高い所で鳴くので、めったに姿を見られない。

　5月20日前後になると、カッコウやホトトギスが渡ってくる。「特許許可局」と聞きなされるホトトギスの声を、ウグイスのそれと勘違いする人が時々いる。考えてみると、ホトトギスの托卵の相手はウグイス。なにか関係があるのだろうか。

◐ アオイスミレの夏の葉

◐ エイザンスミレの夏の葉

これがあの可愛いスミレの葉か！とびっくりする巨大さだ。

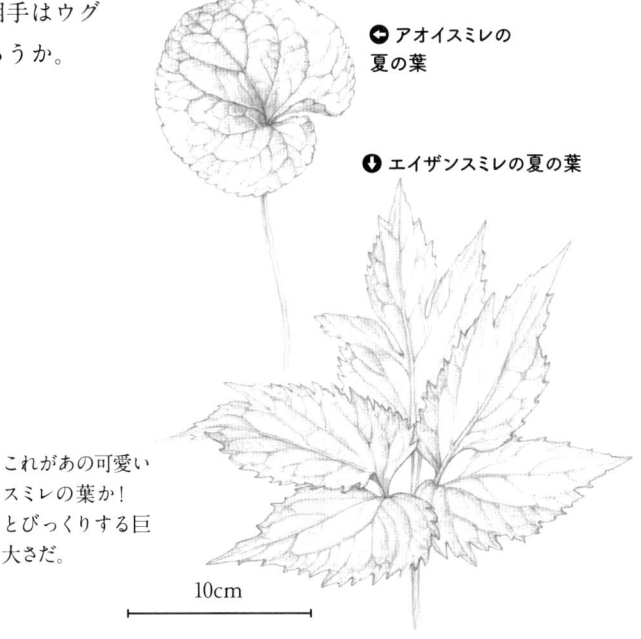

10cm

春の花の実と種

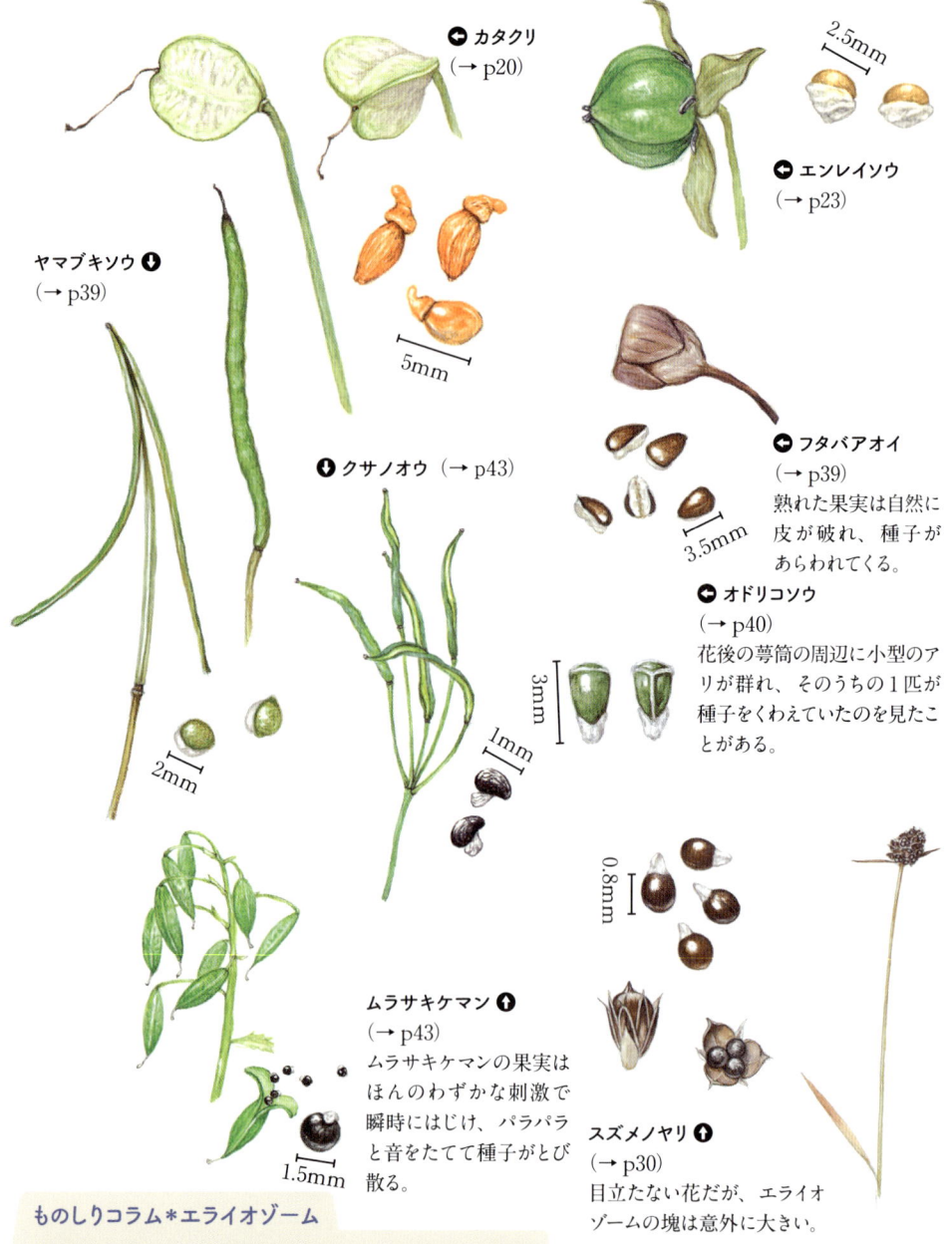

カタクリ
(→ p20)

エンレイソウ
(→ p23)
2.5mm

ヤマブキソウ
(→ p39)

5mm

クサノオウ (→ p43)

フタバアオイ
(→ p39)
熟れた果実は自然に皮が破れ、種子があらわれてくる。
3.5mm

オドリコソウ
(→ p40)
花後の萼筒の周辺に小型のアリが群れ、そのうちの1匹が種子をくわえていたのを見たことがある。
3mm

2mm

1mm

0.8mm

ムラサキケマン
(→ p43)
ムラサキケマンの果実はほんのわずかな刺激で瞬時にはじけ、パラパラと音をたてて種子がとび散る。
1.5mm

スズメノヤリ
(→ p30)
目立たない花だが、エライオゾームの塊は意外に大きい。

ものしりコラム＊エライオゾーム

　種子の一部にアリの好物のエライオゾームとよばれる脂肪分の多い物質が白い塊になっていて、これを好物とするアリが、種子ごと巣に運んでいく。食べ残した種子は巣外に捨てられ、かくして植物は分布をひろげる。いわばアリに運賃を支払って、タネを散布してもらうようなシステムだ。

ものしりコラム*果実と名前

果実の形にちなんで名づけられた植物も少なくない。トウゴクサバノオ（東国鯖の尾）、クワガタソウ（鍬形草）、ネコノメソウ（猫の目草）はその例。

オウレン ⬇
(→ p23)
自転車のスポークのように配列した果実。先端の穴から種子がこぼれる。

クワガタソウ ➡
(→ p39)
扁平な果実。中から種子がこぼれ出る。鍬形飾りのついた兜に似ている。

トウゴクサバノオ (→ p19)
果実の形を鯖の尾に見たてた。

ユリワサビ ⬇
(→ p15)
花後、茎は倒伏する。

ショウジョウバカマ
(→ p20)
微細な種子が風で散布される。6枚の花被が花後も残るのは、風を受けやすくするためだろう。

フデリンドウ
(→ p31)
フデリンドウやネコノメソウ類は雨水など、したたり落ちる水によって種子が散布されるといわれる。

イワボタン（ミヤマネコノメソウ） (→ p19)
ネコノメソウの仲間はその果実の形が名の由来。

小満 しょうまん　5月下旬

土堤にノアザミやニガナが咲く小川のほとり。外来のキショウブもこの頃に咲く。春から初夏に活動するトンボもたくさんいる。カワトンボもそのひとつ。細長い翅を上下に動かしながら水の上をゆるやかに飛ぶ。成熟すると青白く粉をふく。金緑色の胸や透明な翅が初夏の陽射しに輝いて美しい。

　唱歌「夏は来ぬ」にうたわれているのはちょうどこの時期の情景だろう。
「楝 散る川べの宿の門遠く水鶏声して……」のオウチ（旧い表記では「あふち」）は、今でいうセンダンのこと。ことわざの「栴檀は双葉より芳し」のセンダンはこれとは違い、ビャクダンのことである。

センダン
Melia azedarach
〔センダン科〕

1　**オランダガラシ** *Natsurtium officinale*〔アブラナ科〕
明治期にヨーロッパから持ち込まれ定着した。舶来ものには昔は「オランダ〜」とよくつけた。ふつうに食用にするイチゴも「オランダイチゴ」と呼んだ時代があった。種小名の *officinale* は「薬用の」の意。
2　**ケキツネノボタン**（→次ページ）
3　**カワトンボ** *Mnais pruinosa*〔カワトンボ科〕
初夏の小川で見られる。オスの翅は黄褐色のものと無色のものとがある。メスは無色。

↑ サクラソウ
Primula sieboldii 〔サクラソウ科〕
湿地の植物だが開発と採取によって野生のものは絶滅寸前。おしべとめしべの長さの点で2型がある。

➡ ハンゲショウ
Saururus chinensis 〔ドクダミ科〕
花時、茎頂の葉の表面が白くなる。半夏生の頃（夏至から11日目ごろ）に咲く。湿地の植物で数は少ない。

⬅ チョウジソウ
Amsonia elliptica 〔キョウチクトウ科〕
独特な淡青紫色の花が美しい。湿地の植物だがこれまた絶滅危惧種。

⬅ ケキツネノボタン *Ranunculus cantoniensis* 〔キンポウゲ科〕
春早く、レンゲやオオジシバリなどとともに休耕田や田の畔などに咲く。茎は水っぽく全体に白色毛が多い。花茎を伸ばしながら次々に咲き、花は梅雨の頃まで見られる。

➡ キツネノボタン *Ranunculus quelpaertensis* 〔キンポウゲ科〕
梅雨の頃、湿った林縁などに咲き、茎はケキツネノボタンよりも細くてしっかりした感じ。果実の先が外側に湾曲するのも特徴。

いずれアヤメかカキツバタ

優劣つけがたく美しく華やかなアヤメの仲間。昆虫を誘うための立体的な構造もじつに見事。

⬆ アヤメ
Iris sanguinea
外花被片の中央部の黄色と網目模様が目立つ。山地にあるヒオウギアヤメは葉が幅広く、内花被片が小さい。

＊アヤメの葉の表と裏は？ 答えは全部裏。表を内側にして二つ折りになっている。ショウブの葉も同様だ。

⬆ ノハナショウブ
I. ensata var. *spontanea*
湿地に生え、赤紫色の花が咲く。外花被片の中央に黄色いすじ。花期はおそく6月〜7月。園芸種のハナショウブはこれを改良したもの。

⬆ カキツバタ
I. laevigata
池や沼に生え、花は青紫色。外花被片の中央に白いすじがある。花期は早く、5月〜6月。清々しく凜とした姿が好まれて、昔から描かれてきたが、より複雑な模様で立体的なアヤメにくらべると、端整で様式化しやすいからではないかという気もする。

⬅ キショウブ
I. pseudo-acorus
ヨーロッパ原産の帰化種。水辺にしばしば群生している。内花被片は小さい。

ものしりコラム＊アヤメの花の構造

- 内花被片
- めしべ
- おしべ（葯）
- 柱頭
- 外花被片
- 子房

花弁の一部と見まごうばかりの大きなめしべの、いわば天井に沿っておしべが配され、外花被片とのすき間にもぐりこんだマルハナバチの背中に花粉がつくしかけ。

アヤメの果実

ノハナショウブの果実
楕円形の果実は枯れると白っぽくなる。

ショウブ
Acorus calamus〔**ショウブ科**〕
端午の節句（旧暦の5月5日、現行暦では6月初旬頃）に使われる「菖蒲」はこれで、ハナショウブ（ノハナショウブ）とは別の植物である。昔はこの字で「あやめ」と読ませたのが名前の混乱のはじまりのようだ。香りがよく、ヨモギとともに軒先に吊されたり菖蒲湯として使われる。⬇

細長いコーンのようなものが、小さな花の集合体。

セキショウ ⬅
Acorus graminens〔**ショウブ科**〕
山間の渓流沿いなどに生える。常緑である点でショウブと区別できる。芳香もない。ショウブやセキショウの花序はアンスリウムのそれによく似ている。

寄生植物の異形

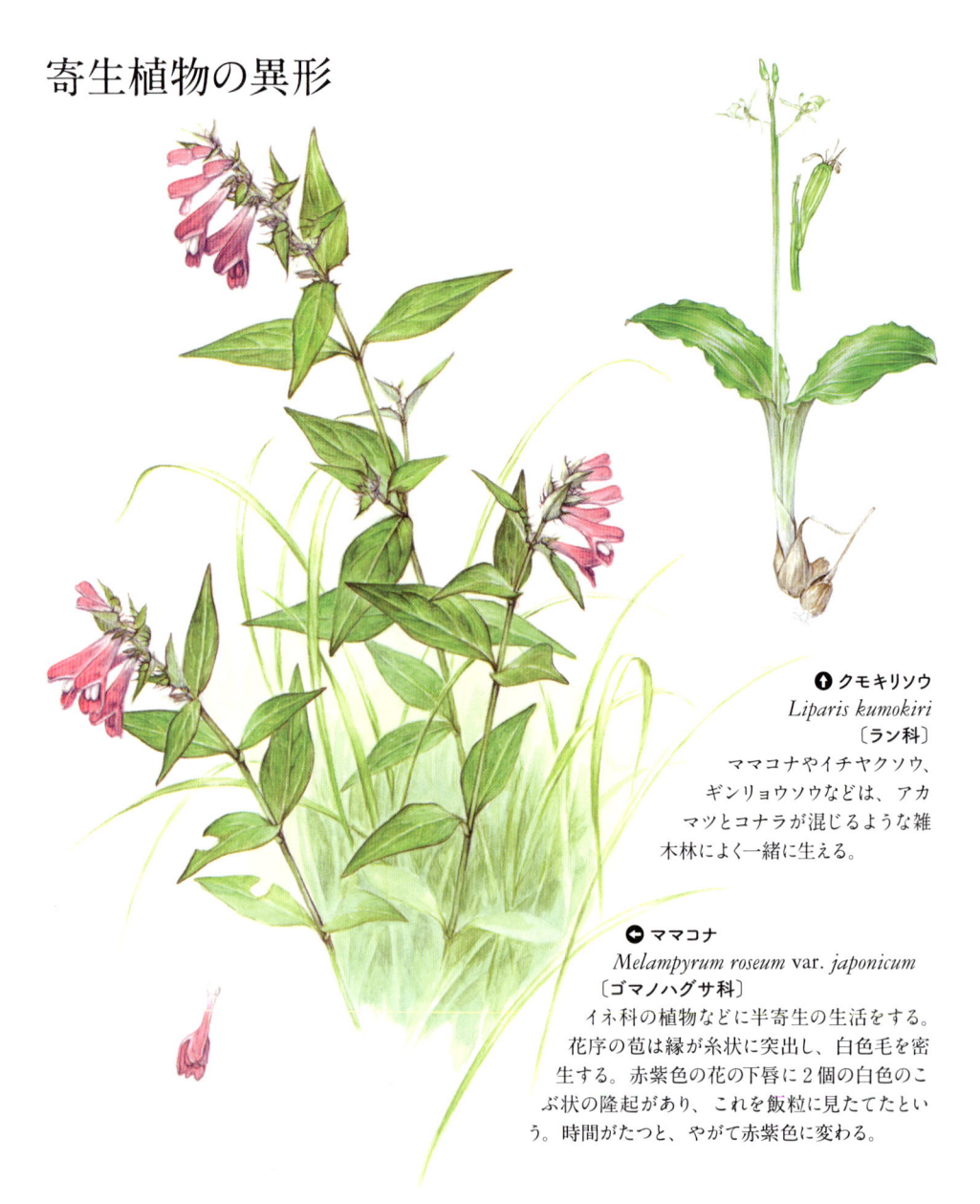

⬆ **クモキリソウ**
Liparis kumokiri
〔ラン科〕
ママコナやイチヤクソウ、ギンリョウソウなどは、アカマツとコナラが混じるような雑木林によく一緒に生える。

⬅ **ママコナ**
Melampyrum roseum var. *japonicum*
〔ゴマノハグサ科〕
イネ科の植物などに半寄生の生活をする。花序の苞は縁が糸状に突出し、白色毛を密生する。赤紫色の花の下唇に2個の白色のこぶ状の隆起があり、これを飯粒に見たてたという。時間がたつと、やがて赤紫色に変わる。

　自ら光合成を行わず、他の植物や菌から栄養を得る植物は、光合成のための器官としての葉を欠き、葉緑素ももたないのでちょっと異様な姿をしている。アカツメクサの根などに寄生するヤセウツボ（→ p62）や、同じくその茎から養分をとるアメリカネナシカズラ（→ p81）がその例。ギンリョウソウは地中の菌から養分を得る。菌と共生する植物は、ラン科のほか、イチヤクソウやウメガサソウもその部類。これらの植物は掘り採って移植しようとしてもうまくいかない。

ベニバナイチヤクソウ
Pyrola asarifolia
var. *incarnata*
〔イチヤクソウ科〕

山地の針葉樹林に生える。

イチヤクソウ
Pyrola japonica
〔イチヤクソウ科〕
ランのような微細な種子。

➡ ギンリョウソウ
Monotropastrum humile
〔シャクジョウソウ科〕
「銀竜草」。初夏の雑木林に咲く、純白の異形の花。「ユウレイタケ」の名もある。中国では「水晶蘭」。

⬇ ギンリョウソウモドキ
Monotropa uniflora
〔シャクジョウソウ科〕
8〜9月に咲くので「アキノギンリョウソウ」の名も。

ものしりコラム

ギンリョウソウ	ギンリョウソウモドキ
植物体はほぼ純白	やや黄ばんだ感じ
茎の鱗片葉はやや開出	鱗片葉はほぼ密着
花冠の裂片の先は外側にそる	花冠の裂片はそり返らない
10本のおしべの先はほぼ同じ高さ	おしべは長・短5本ずつ
花はほのかな甘い香り	あまりにおわないか、少し青くさい香り
水分の多い果実	乾いた果実
花期は初夏	花期は夏から秋

花を訪れるハチの世界

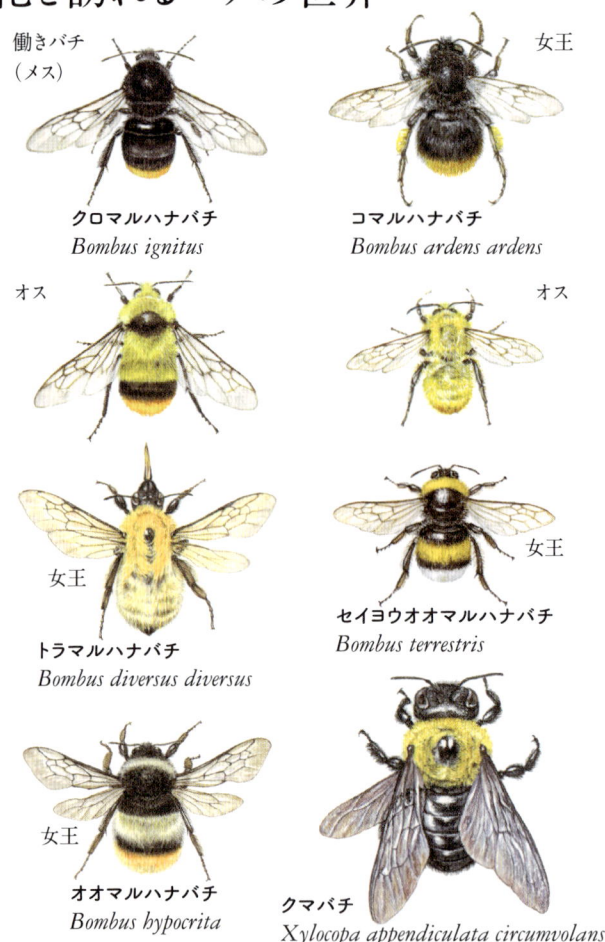

働きバチ（メス）
クロマルハナバチ
Bombus ignitus

女王
コマルハナバチ
Bombus ardens ardens

オス
トラマルハナバチ
Bombus diversus diversus
女王

オス
セイヨウオオマルハナバチ
Bombus terrestris
女王

女王
オオマルハナバチ
Bombus hypocrita

クマバチ
Xylocopa appendiculata circumvolans

　植物にとって、花粉の媒介を担ってもらう重要なパートナーがハナバチの仲間だ。体の大きさや口吻（舌）の長さなどによって、好みの花があり、ごく限られた種類の植物だけを訪花するハナバチもいる。
　概して毛深く、丸みを帯び、多くは後脚に花粉をつけて運ぶ。

　まるまると肥えた毛深いマルハナバチの仲間は、みんな体が大きいが、口吻の長さは種類ごとに異なる。長い吻のトラマルハナバチはツリフネソウの花の開口部からもぐり込んで、花の奥の蜜を吸うことができるが、口吻の短いコマルハナバチやオオマルハナバチは外側から口吻をさしこみ、蜜を盗みとってしまうことがある。
　クマバチは、マルハナバチの仲間ではないが、これまた同様に盗蜜をする。
　セイヨウオオマルハナバチは外来昆虫。野生化してほかの在来のマルハナバチと競合し、在来種の生存を脅かすことが心配されている。

　植物——とりわけ花に関心があれば、おのずと昆虫についても考えることになる。人間にとって、美しく魅力的であり、観賞目的で栽培されたり、改良されて園芸品として出まわるほとんどすべての花は、その形や色や香りの魅力の誕生にあたって、昆虫が多大な貢献をしているからだ。つい我々は、さまざまなメディアを通して伝えられる異国の奇抜で華麗な花々や昆虫に目を奪われがちだが、身のまわりにある野生の植物と昆虫とのあいだにも、多様でユニークな適応の姿が見られることを知っていなければならない。日本にはいない熱帯アメリカのハチドリを知っている半面、身近にいる昼行性のスズメガのことをなにも知らないというのはけっしてよいこととは思えない。
　昆虫は、種類が非常に多いので、いきなり正確な同定はできないだろうが、せめてなんの仲間か、ハナバチなのか、ハナアブなのか、あるいはハバチの仲間か、およそ見当がつけば愉しいし、物の見方も深まってくるものだ。

スジボソコシブトハナバチ
Anthophora florea

本種とナミルリモンハナバチは、夏から秋に現れる。

ハキリバチの一種

ナミルリモンハナバチ
Thyreus decorus

トガリハナバチの一種

オオモンツチバチ
Scolia japonica
ツチバチの仲間は、コガネムシの幼虫に寄生する。

オス
メス

ものしりコラム＊労働寄生

ハチの仲間には、ほかの種類のハチの巣に侵入して産卵し、餌を横どりしてしまうものがいる。

自分では巣を造らず、餌も集めないので、そのための集粉毛もなく、鎧で身を固めたような姿をしている。

姿の美しいナミルリモンハナバチは、コシブトハナバチに労働寄生する。キツネノマゴなどによく訪花する。

ハキリバチの仲間は、マルハナバチなどと違って、腹部の下面の集粉毛に花粉を集めて運ぶ。夏から秋にかけてマメ科のハギやコマツナギ、あるいはアザミの花のまわりを、腹の下を花粉で真っ白にしたハチが飛んでいたらハキリバチの仲間だ。

トガリハナバチは、そのハキリバチに労働寄生する。

ものしりコラム＊ハチの毒

毎年、スズメバチに刺されて命を落とす人がいるように、たしかにハチの毒は怖い。けれども、過度に恐れるのは考えものだ。

ハチの毒針はメスの産卵管が変化したものなので、オスはけっして刺さない。社会性をもつミツバチやマルハナバチ、アシナガバチなどの働きバチはすべてメスで、これらは毒針をもっているが、巣にちょっかいを出したり、不用意に触れたりしなければ先方から攻撃してくることはまずない。

雌雄で色や形に明らかな違いのある種類もいて、オスを正しく識別できれば、素手でつかまえても刺される心配はない。

ニホンミツバチ
Apis cerana
樹洞などに営巣する。セイヨウミツバチにくらべて黒っぽい。

オスは触角が非常に長い

ニッポンヒゲナガハナバチ
Tetralonia nipponensis

春に出現

オス
メス

セグロアシナガバチ
Polistes jadwigae

クロスズメバチ
Vespula lewisii

子育てのために花粉や蜜を集めるハナバチ以外にも、自分自身のエネルギー源としての蜜を求めてやってくるハチも多い。

ハナアブ
Eristalomyia tenax

ベッコウハナアブ
Volucella jeddona

ホソヒラタアブ
Epistrophus balteatus

ヨコジマハナアブ
Temrostoma vespiforme

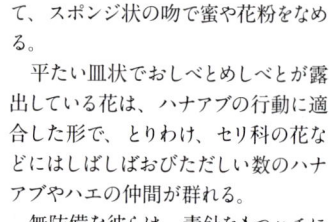

オス　メス
コガタノミズアブ
Eulalia garatus

コガネオオハリバエ
Servillia luteola
幼虫はスズメガの幼虫に寄生するという。

コアオハナムグリ
Oxycetonia jucunda

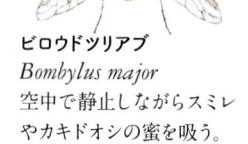

ビロウドツリアブ
Bombylus major
空中で静止しながらスミレやカキドオシの蜜を吸う。

アシナガコガネ
Hoplia communis

クロハナムグリ
Glycyphana fulvistemma

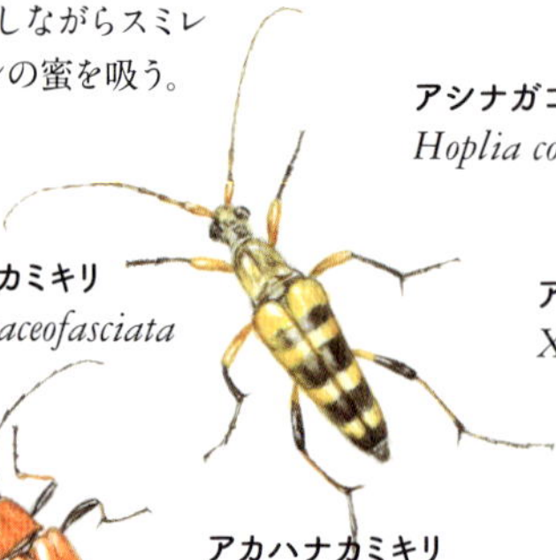

ヨツスジハナカミキリ
Leptura ochraceofasciata

アオカミキリモドキ
Xanthochroa waterhousei

アカハナカミキリ
Corymbia succedanea

ジョウカイボン
Athemus suturellus
花の上にいて、ほかの昆虫を捕らえて食べる。

ハナアブやハエの仲間も、花にとっては花粉の媒介のための重要なパートナーだ。彼らは、ハナバチ類のように子育てをしないので、もっぱら自分自身の食料として、花の蜜や花粉を利用する。したがって、花粉を集めるしかけも特にないし、花の奥にまでもぐりこむこともしない。花の上をはい回って、スポンジ状の吻で蜜や花粉をなめる。

平たい皿状でおしべとめしべとが露出している花は、ハナアブの行動に適合した形で、とりわけ、セリ科の花などにはしばしばおびただしい数のハナアブやハエの仲間が群れる。

無防備な彼らは、毒針をもつハチによく似た色形のものが多く、擬態の一例とされる。後翅が退化して翅が2枚だけに見えるのが、ハナアブやハエの仲間だ。

ハナムグリやハナカミキリなども、花にやってくる昆虫だ。コガネムシなどは花びらそのものを食べる。ジョウカイボンのように訪花するほかの昆虫を捕らえて食べるものもいる。

オオコシアカハバチ
Siobla ferox
幼虫はツリフネソウやイタドリの葉を食べる。背面に突起があって、アカタテハの幼虫にそっくり。

オオコシアカハバチの幼虫

セリシマハバチ
Pachyprotasis serii
幼虫はセリを食べる。

ツノキクロハバチ（*Tenthredo bipunctata malaisei*）**の幼虫**
ハバチの幼虫はチョウやガの幼虫によく似たイモムシ。腹脚の数が4対以下ならばチョウやガ。5対以上ならばハバチの幼虫。

ヒゲナガハバチ
Lagidina platycerus
幼虫の餌はスミレ類。

キアゲハ（*Papilio machaon*）の幼虫はノダケなどセリ科の植物を食べる。

ハバチの仲間は、ハチのなかでは原始的なグループであり、腰のくびれがない。メスも毒針をもたず、幼虫は、チョウやガの幼虫にそっくりのイモムシで、おもに植物の葉を食べる。特定の種類しか食べないものもいて、ハバチの種類の多さはその地域の植物相の豊かさの指標にもなる。

ノブドウタマバエ（*Asphondylia baca*）**による虫こぶ**
昆虫が植物の組織に寄生してコブ状になったものを虫こぶ（虫えい、ゴール gall）とよぶ。寄生する昆虫はタマバエやタマバチ、アブラムシ、あるいはゾウムシなどさまざまで、それぞれ特定の種類の植物に寄生し、特有の形の虫こぶを形成する。

ものしりコラム＊昆虫への感謝

　昆虫好きの人間はたいがい、植物をよく知っているものだ。なんとなれば、理由は簡単。非常に多くの種類の昆虫が、直接その餌として植物に依存しているからで、昆虫を知ることはその植物との関係を知ることでもあるからだ。
　一方で、植物好きは必ずしもそうではない。園芸家は大切な花を食害する昆虫を目の敵にする。花はかわいいが虫は気持ちが悪いし、憎たらしい。せっかく育てたバラの花を、コガネムシに台無しにされたら腹も立とう。
　気持ちはわからぬでもない。けれども、少し考えてみればわかることだが、そのかわいらしいバラの花も、愛好家の多い奇抜なランの花も、蠱惑的な香りのスイカズラも、そのほかオダマキやトリカブト、ナデシコやカラスウリやウラシマソウに至るまで、およそ人間がその形や色や香りに魅せられる花はことごとく、昆虫との共進化のたまものであって、昆虫なくしてはこの美しい世界は誕生しなかった。そのことに思いをはせ、花好きを自認する者はみな、昆虫の前に額ずいて感謝の祈りをささげようではないか……。

寄生されたノブドウの果実は正常な実以上に美しく着色する。

初夏を彩るマメの花

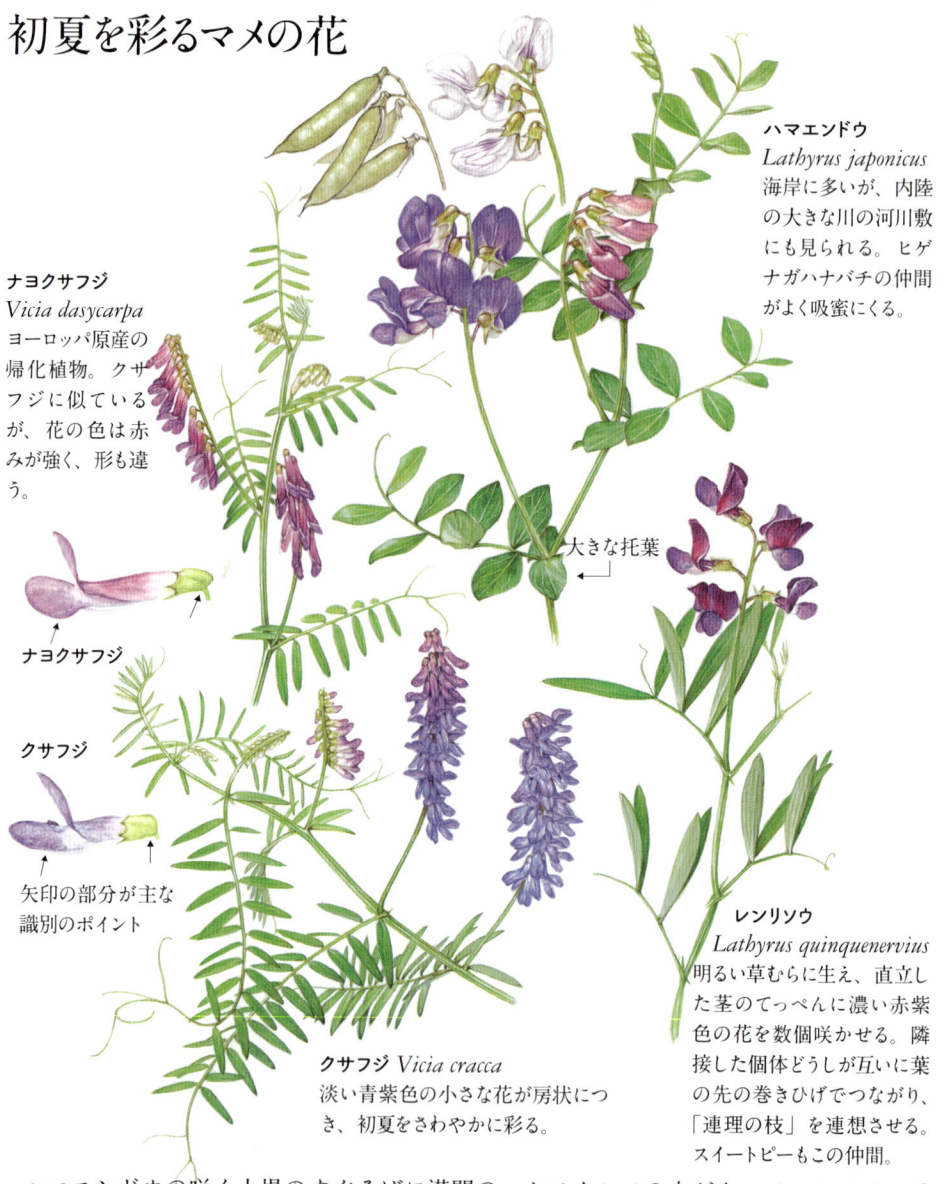

ナヨクサフジ
Vicia dasycarpa
ヨーロッパ原産の帰化植物。クサフジに似ているが、花の色は赤みが強く、形も違う。

ハマエンドウ
Lathyrus japonicus
海岸に多いが、内陸の大きな川の河川敷にも見られる。ヒゲナガハナバチの仲間がよく吸蜜にくる。

← 大きな托葉

↑ ナヨクサフジ

↑ クサフジ
矢印の部分が主な識別のポイント

クサフジ *Vicia cracca*
淡い青紫色の小さな花が房状につき、初夏をさわやかに彩る。

レンリソウ
Lathyrus quinquenervius
明るい草むらに生え、直立した茎のてっぺんに濃い赤紫色の花を数個咲かせる。隣接した個体どうしが互いに葉の先の巻きひげでつながり、「連理の枝」を連想させる。スイートピーもこの仲間。

　ハマエンドウの咲く土堤のすぐそばに満開のニセアカシアの木があって、ミツバチがひっきりなしにやってくる。色こそ違え、大きさはほぼ同等なのに、ハマエンドウにはミツバチはまるで見向きもしない。
　ハマエンドウの花を分解してみると、旗弁と翼弁と竜骨弁（→p72、コマツナギの花図参照）が互いにほぞとほぞ穴のような構造でしっかりと結びついている。察するにミツバチは、これに対処できないのではないか。やってくるのはより体の大きなヒゲナガハナバチで、ある時は1匹のメスがまだ開ききらない花を強引にこじあけて侵入した

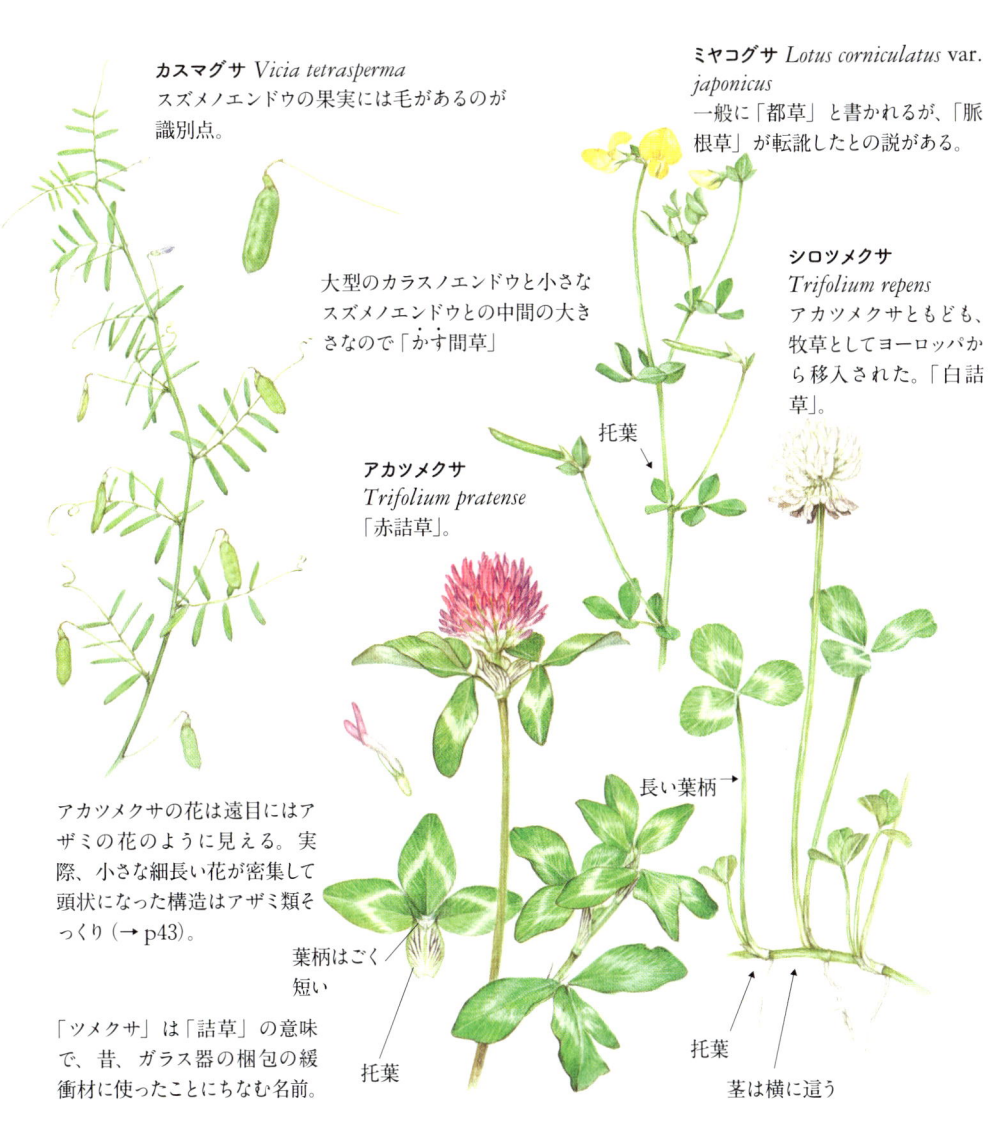

カスマグサ *Vicia tetrasperma*
スズメノエンドウの果実には毛があるのが識別点。

ミヤコグサ *Lotus corniculatus* var. *japonicus*
一般に「都草」と書かれるが、「脈根草」が転訛したとの説がある。

大型のカラスノエンドウと小さなスズメノエンドウとの中間の大きさなので「かす間草」。

シロツメクサ
Trifolium repens
アカツメクサともども、牧草としてヨーロッパから移入された。「白詰草」。

托葉

アカツメクサ
Trifolium pratense
「赤詰草」。

長い葉柄

アカツメクサの花は遠目にはアザミの花のように見える。実際、小さな細長い花が密集して頭状になった構造はアザミ類そっくり（→p43）。

葉柄はごく短い

托葉

托葉

茎は横に這う

「ツメクサ」は「詰草」の意味で、昔、ガラス器の梱包の緩衝材に使ったことにちなむ名前

のを見たことがある。

　マメ科の植物の葉には、シロツメクサやクズのような3枚1組のものとレンゲやフジ、ハマエンドウなどのような形のものがある。前者を三出複葉といい、全体で1枚の葉。3枚のそれぞれを小葉という。レンゲやハマエンドウのような細かい葉の集まりを羽状複葉と呼び、これまたつけ根から先の全体が1枚の葉。ハマエンドウでは先端の小葉が巻きひげに変化する。葉のつけ根には種類ごとに形や大きさの違う「托葉」という構造がある。

　これに対してタンポポやノアザミ、タチツボスミレやドクダミのようにつけ根から1枚ずつ出た葉は、いずれも単葉と呼ぶ。

芒種 ぼうしゅ　6月上旬

　6月はホタルの季節だ。北関東あたりでは上～中旬にゲンジボタルが、中～下旬にヘイケボタルがあらわれる。

　月のない、少し蒸し暑いような日、とっぷりと日の暮れた夜の8時頃、生息地に出かけて行って待ちかまえていると、あっちにひとつ、こっちにひとつと次々に光りだす。閑かな闇の中に青白い光跡を描いて滑っていく姿はやっぱり幻想的で美しいものだ。見なれた昼の風景が一変、別世界になるのだからすばらしい。

　大木のある森が近くにあれば、夜に「ホッホー、ホッホー」というアオバズクの声が聞こえるかもしれない。その名の通り、青葉の頃に南方から渡ってくるフクロウの仲間だ。

　暦の上では6月11日頃が入梅。いよいよ梅雨の季節。クリの花の季節だ。強い香りをまき散らす途方もない量の淡黄色の花は、色とりどりの昆虫でにぎわう。

ものしりコラム＊時間差で開花するウツボグサの花

A　正面
B　下面
C　横からの断面
D、E　花序の苞

ウツボグサは花が密に集合して複雑な構造に見えるが、分解してみるとじつに整然とした配列であることがわかる。節ごとに大きな苞（D、E）があり、背中あわせに3個の花がつく（F）。中央のものが先に、両側のものは遅れて開花する。

ヤセウツボ ⬇
Orobanche minor
シロツメクサやアカツメクサに寄生する。ヨーロッパ～北アフリカ原産の帰化植物。光合成をしないので、葉緑素をもたず、一見すると立ち枯れているようにも思える。

1　**ウツボグサ**　*Prunella vulgaris*〔シソ科〕「靫草」
　「うつぼ」とは矢を入れる道具。花序の形を見たてたもの。果穂を「夏枯草（かこそう）」と呼び、利尿薬とする。英名は self-heal、のどの炎症の薬にするそうだ。種小名の *vulgaris* は、「普通にある」の意。
2　**チガヤ**　*Imperata cylindrica* var. *koenigii*〔イネ科〕「茅」
　「つばな」の名でも古くから知られる。群生した白い穂がゆれるさまは美しい。
3　**ヤマハタザオ**　*Arabis hirsuta*〔アブラナ科〕
　「山旗竿」。直立する姿を旗竿に見立てた。
4　**ヤセウツボ**　*Orobanche minor*〔ハマウツボ科〕

63

梅雨時の雑草

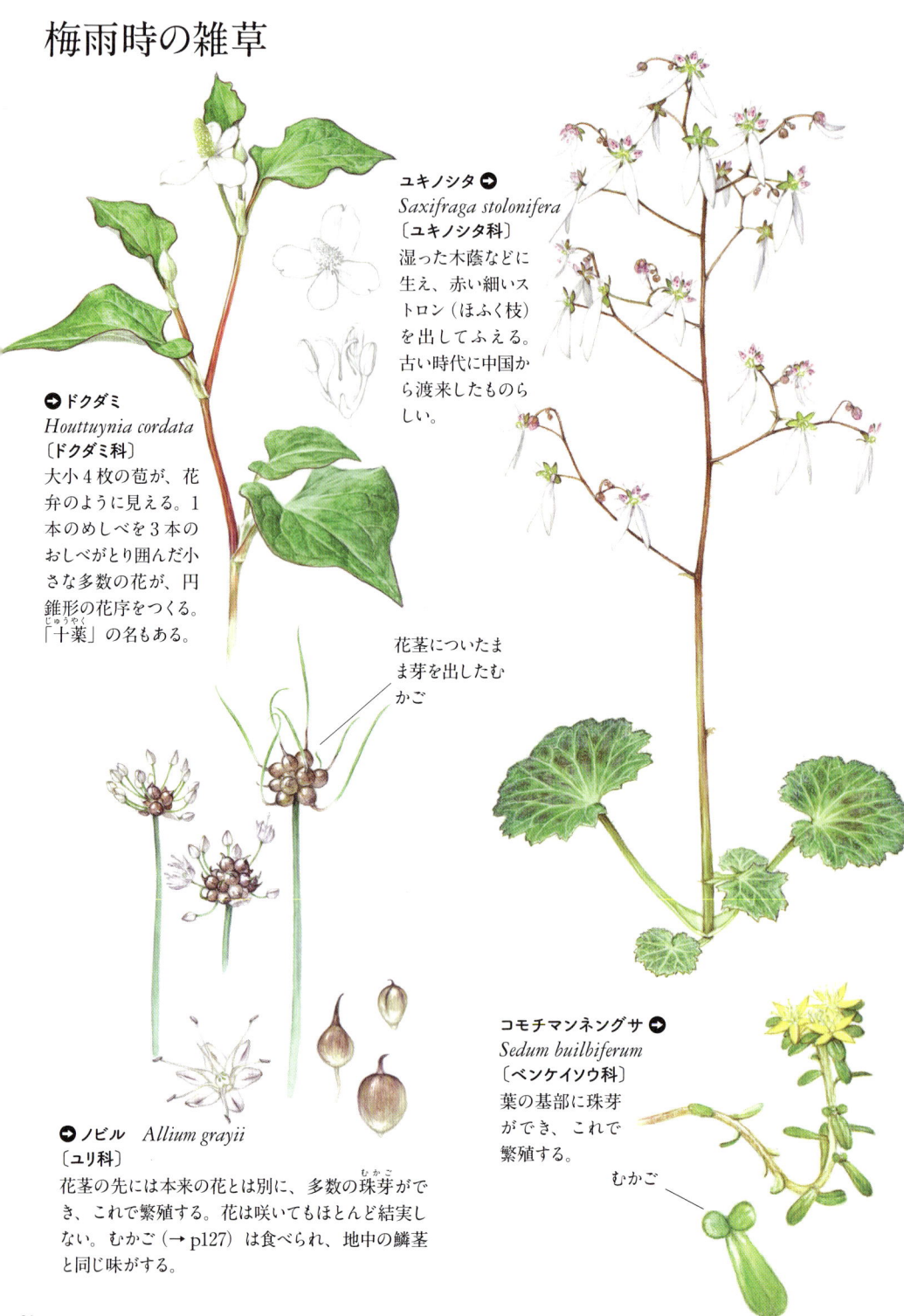

➡ ユキノシタ
Saxifraga stolonifera
〔ユキノシタ科〕
湿った木蔭などに生え、赤い細いストロン（ほふく枝）を出してふえる。古い時代に中国から渡来したものらしい。

➡ ドクダミ
Houttuynia cordata
〔ドクダミ科〕
大小4枚の苞が、花弁のように見える。1本のめしべを3本のおしべがとり囲んだ小さな多数の花が、円錐形の花序をつくる。「十薬（じゅうやく）」の名もある。

花茎についたまま芽を出したむかご

➡ ノビル *Allium grayii*
〔ユリ科〕
花茎の先には本来の花とは別に、多数の珠芽（むかご）ができ、これで繁殖する。花は咲いてもほとんど結実しない。むかご（→ p127）は食べられ、地中の鱗茎と同じ味がする。

➡ コモチマンネングサ
Sedum builbiferum
〔ベンケイソウ科〕
葉の基部に珠芽ができ、これで繁殖する。

むかご

雄花群

雌花群

⬇ **カラスビシャク**
Pinellia ternata 〔サトイモ科〕
同じ仲間のマムシグサ（→ p34）などと違って、ひとつの花序の中に雄花群と雌花群とが同居している。2層の構造になっていて上層に雄花群が、下層に雌花群があり、境目に不完全な隔壁がある。雌花群の軸は半円柱形で、背面は仏炎苞に密着している。
若い個体には花が咲かない。はじめはハート型、やがて三出複葉（→ p6）になるらしい。葉柄の真ん中あたりと小葉のつけ根に珠芽（むかご）ができる。
乾燥させた球茎を「半夏（はんげ）」と呼び、漢方で薬用とする。

⬇ スケッチをしてみよう
ありふれた雑草は、観察の材料として最適。おもしろい発見がたくさんあるはずだ。

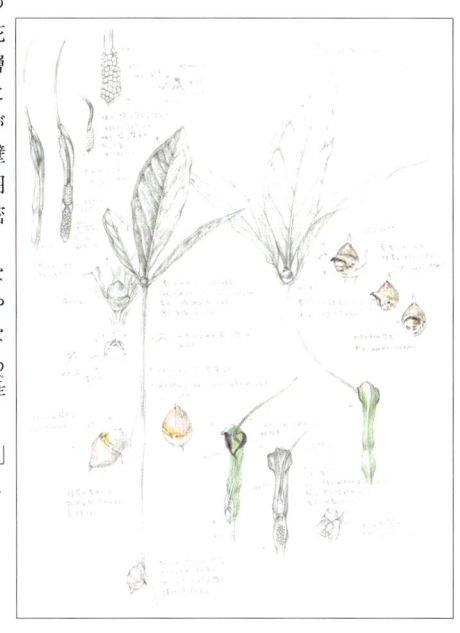

夏至 6月下旬

1 **ナツノタムラソウ** *Salvia lutescens* 〔シソ科〕
淡紫色の花が長い穂になってつく。花の向きが一方に片寄る。おしべの花糸が長く、花冠の外に突き出る。遅れて咲くアキノタムラソウ（*S. japonica*）は花糸が外に突き出ない（→ p68）。

2 **スズサイコ** *Cynanchum paniculatum* 〔ガガイモ科〕
ほぼ直立したほっそりした茎の先に花序をつけ、夜に星形の花を咲かせる。明るい草むらに生える。絶滅危惧種（→ p68）。

3 **ウマノスズクサ** *Aristrocea debilis* 〔ウマノスズクサ科〕
花の形がおもしろい。明るい土堤の草むらに生えるが、多くはない。ジャコウアゲハの食草（→ p68）。

4 **タカトウダイ** *Euphorbia lasiocaula* 〔トウダイグサ科〕
明るい草むらや林縁に生える。

5 **オトギリソウ** *Hypericum erectum* 〔オトギリソウ科〕
河原などには近縁の帰化種、コゴメバオトギリ（→ p73）が見られる。

6 **ホタルブクロ** *Campanula punctata* 〔キキョウ科〕（→ p68）

7 **スジグロシロチョウ** *Pieris melete* 〔シロチョウ科〕
イヌガラシ、コンロンソウ、ショカツサイなどのアブラナ科の植物を食べて育つ。

夏至は一年中で一番、昼間の時間が長い日だが、どうもピンとこない。北海道あたりならともかく、あまり緯度が高くない地方では夏と冬とでの較差が小さいうえに、なにしろ今は梅雨の真っ盛り。夏至の日に太陽が雲隠れすることだって多いのだから、しかたがない。

　春から初夏のめぼしい花はどうやら一段落といったところだろうか。この頃に目立つのはホタルブクロだろう。あの大きな袋状の花の中に、ゲンジボタルを一匹とじ込めたらさぞかしきれいだろうとはいつも思うのだが、まだ試してみたことがない。

　梅雨時の木の花には、なぜか白っぽい色のものが多い。緑の森に白が目立つということか。なんの花だろうと思って近づくと、花ではなく、マタタビの枝先の葉であったりする。ウメの花に似た花が、葉腋にうつむいて咲くが、そのありかを知らせるために花の季節に枝の先の若葉が白く化粧をするらしい。

マタタビ
Actinidia polygama
〔マタタビ科〕

🡇 イチモンジチョウ
Ladoga camilla japonica
〔タテハチョウ科〕
翅の表は黒く、「ハ」の字を逆にしたような白い帯がある。

オカトラノオ
Lysimachia clethroides
〔サクラソウ科〕
動物の尾のような形の花序から「岡虎の尾」。湿地に咲くヌマトラノオ「沼虎の尾」の花序は直立し、花も小さい。この花が咲くと、まもなく梅雨も明け、暑い夏がくる。

奇妙な形の花々

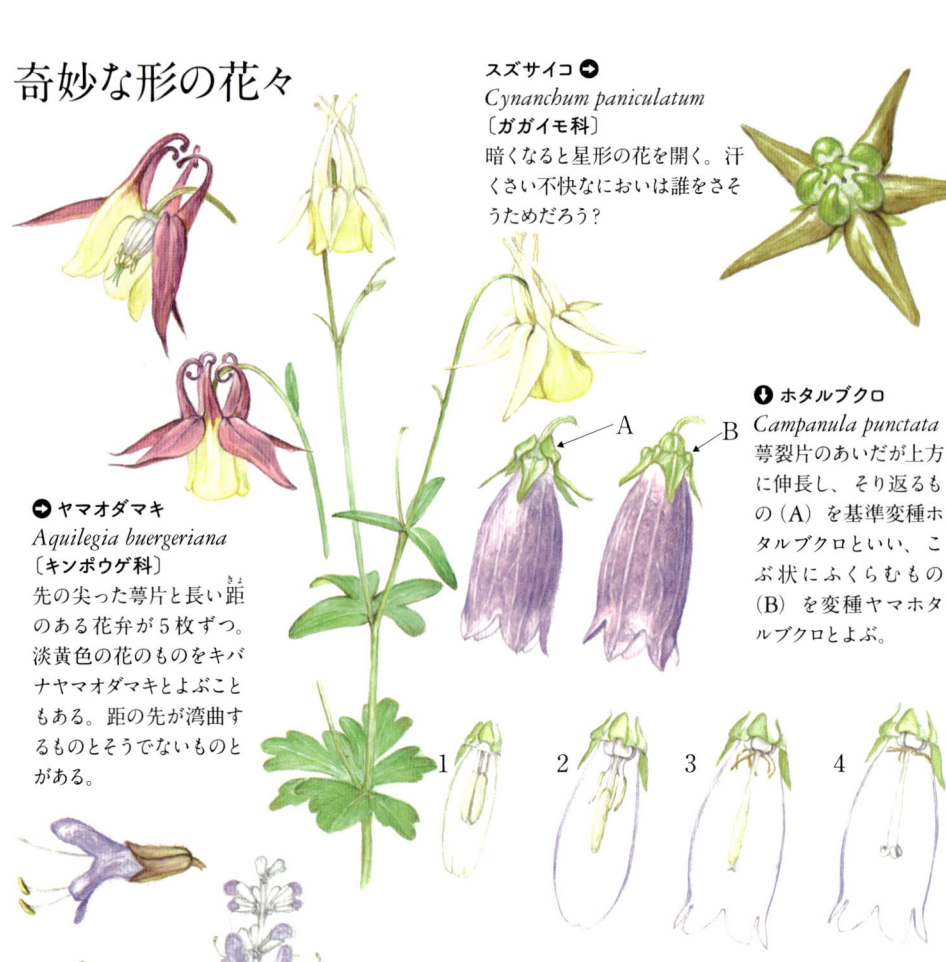

スズサイコ ➡
Cynanchum paniculatum
〔ガガイモ科〕
暗くなると星形の花を開く。汗くさい不快なにおいは誰をさそうためだろう？

ホタルブクロ ⬇
Campanula punctata
萼裂片のあいだが上方に伸長し、そり返るもの（A）を基準変種ホタルブクロといい、こぶ状にふくらむもの（B）を変種ヤマホタルブクロとよぶ。

➡ **ヤマオダマキ**
Aquilegia buergeriana
〔キンポウゲ科〕
先の尖った萼片と長い距のある花弁が5枚ずつ。淡黄色の花のものをキバナヤマオダマキとよぶこともある。距の先が湾曲するものとそうでないものとがある。

開花を前にしておしべの葯は花粉を放出し（1）、めしべの花柱に付着させている（2）。花粉が運ばれつくした頃（3）、めしべの先は3裂（4）。この頃にはおしべはすっかりしおれている。

ナツノタムラソウ ⬅
Salvia lutescens 〔シソ科〕
花は軸の一方に偏って咲くが、よく見ると花をつけた柄が一方に屈曲して、どの花も皆同じ方向を向くことがわかる。
花期は6〜7月。2本のおしべの花糸が長く、外に突き出る。

➡ **ウマノスズクサ**
Aristolocea debilis
〔ウマノスズクサ科〕
花の形の特異さできわだっている。ジャコウアゲハの食草。馬の首につける鈴を連想させるという果実がめったに見られない。

⬆ **アキノタムラソウ**
Salvia japonica 〔シソ科〕
ナツノタムラソウが咲き終わる頃から秋にかけて咲き、おしべの花糸は短い。

マタタビの葉が白くなると……

　自然暦（しぜんごよみ）というものがある。「藤の花が咲きだしたら稗をまけ」とか「郭公（かっこう）が鳴いたら豆をまけ」といったたぐいのもの。自然の変化を農作業の目安にしていたのは昔のこと。今ではほとんど文献の記録上のものでしかないような気がする。田畑の境界に植えられたウツギをよく見かけるが、あれも暦の役割を果たした名残りだろう。こういうのもある。「マタタビの葉が白くなると木苺が熟れる」。聞いたことがない？　ごもっとも、たった今思いついたものだからだ。

　キイチゴもクワの実も梅雨の盛りが摘みどきだ。が、食べるのはひとまずあとまわしにして、実の構造を調べてみよう。おいしければそれでいいじゃないかとも思うが、それこそが植物にとっての戦略であり、思うツボ。それぞれの、独自の創意工夫のありようを知っておくのも悪くない。

　イチゴやヘビイチゴ、またキイチゴも、ひとつの花にたくさんのめしべがある。めしべのふくらみ（子房という）の中に胚珠（はいしゅ）とよばれるものがあって、受粉して成熟すると胚珠は種子に、それを包み込んだ子房は果実に変化する。イチゴとヘビイチゴの実のつくりは基本的に同じで、たくさんのめしべの乗った「花托」（かたく）（花床ともいう）とよばれる部分がふくらんで可食部となる。表面の粒のひとつひとつが、めしべの成熟した果実だ。

　一方のキイチゴは、ひとつひとつのめしべの子房が、その中に１個の種子を入れた状態で甘酸っぱい汁液を蓄えた袋になるので、この袋ひとつが１個の果実。

　クワの実はこれらとはまた違っている。めしべをとり囲んだ４つの花被片が汁液を含んで肥大する。それをひとつの単位として数十個集まったものがクワの実のひと房だ。キイチゴもクワの実も、ジャムはもちろん果実酒にしてもおいしい。チビリチビリやりつつ、ビンに漬け込んだ実をとり出して観察するのも一興かも。

ものしりコラム＊果実と種子

A　ヤマザクラの果実の断面
B-1　キイチゴの仲間の果実
B-2　〃　　　　　種子

　めしべの「子房」の内部には１個または複数個の「胚珠」とよばれるものがあって、受粉し、成熟するとこれが「種子」になり、全体は「果実」とよばれるものになる。

　サクラやキイチゴでは、種子をとり囲む部分は水分の多い果実になるが、ヘビイチゴでは種子の外側に薄皮が張り付いた状態の果実になる。

小暑
しょうしょ **7月上旬**

　大小の石がごろごろした川の中流域。洪水が起きれば冠水し、上流から物が流されてきたり、土砂が流出したりする不安定な環境には、そうした場所に適応した植物が生える。上流にダムができて流れが安定し洪水が起きなくなると、こういう環境は失われそこに暮らす生き物も絶滅の危機に瀕する。

1　コマツナギ 〔マメ科〕（→ p73）
2　メドハギ 〔マメ科〕（→ p73）
3　カナビキソウ 〔ビャクダン科〕（→ p73）
4　ムシトリナデシコ 〔ナデシコ科〕（→ p73）
5　カワラヨモギ *Artemisia capillaris* 〔キク科〕
　　コスモスのように細く切れこんだ葉が美しい。
6　カワラハハコ *Anaphalis margaritacea* ssp. *yedoensis* 〔キク科〕
　　細長い葉にも、また茎にも白色毛を密生する。花は秋。変種ヤマハハコは山地に生え、葉は幅広く、緑色。
7　カワラニガナ *Ixeris tamagawaensis* 〔キク科〕
　　これも河原に特有の植物。
8　ミヤマシジミ *Lycaeides argyrognomon praeterinsularis* 〔シジミチョウ科〕
　　幼虫はコマツナギの葉を食べ、アリの巣に運ばれて蛹になる。雄（a）は翅の表が青く輝く。

7月のはじめからニイニイゼミが鳴きだす。サクラの木などにいて「チィー」と鳴く、小型のセミだ。「閑かさや岩にしみ入る蝉の声」(芭蕉) の主もこれ。

　クヌギやコナラの樹液には、豪華なオオムラサキがやってくる。小学生の頃、近所のコナラの樹液にやってきた鮮やかな青紫色の翅の雄を、はじめて捕らえた時の力強いはばたきの感触は、今でも指先に蘇らせることができる。

　河原のヤナギには、コムラサキという、これまた美しい紫色の蝶が暮らす。ヘッセの『少年の日の思い出』という作品が、かつて中学の国語の教科書にのっていて、主題のクジャクヤママユとともにコムラサキの名が登場した。読んでおぼえている人もきっと多いはずだ。

　ドクウツギもちょうど今頃、同じような場所で熟した果実を見ることができる。トリカブト (→ p110) やドクゼリ (→ p90) と並んで、致命的な毒があるので、けっして食べてはいけない。

　ある時、その実を採って描こうと手をのばしたら、思いがけない場面に出会った。濃密な赤ワインのような果汁に酔い痴れていたのは、キタテハやコムラサキ、シロテンハナムグリやカブトムシといった面々。洒落て洋風に "Restaurant Coriaria" と名づけようか、それとも場末の居酒屋風に「毒空木食堂」とでもいうべきか。

⚠️ **猛毒**

ドクウツギ *Coriaria japonica* 〔ドクウツギ科〕
肥大した花弁が果実を包み込む。果実は猛毒で死亡事故例もある。

河原の植物

旗弁
翼弁
竜骨弁

昆虫がとまるとおしべ、めしべがはね上がる。

おしべが先に成熟し、あとからめしべが成熟する。

花弁の縁に黒い点の列

1. **メドハギ** *Lespedeza cuneata* 〔マメ科〕
   筮（めどき）という占いの道具をつくるのに用いたことから「筮萩」。閉鎖花をつける。
2. **コマツナギ** *Indigofera pseudo-tinctoria* 〔マメ科〕
   明るい草原や礫の多い河原に生える。「駒繋ぎ」と書く。
   ハナバチが吸蜜に訪れると竜骨弁がはじけ、一体化したおしべとめしべがはね上がって、ハチの腹面に花粉をつける。ミヤマシジミの唯一の食草。
   学名の *Indigofera* は「藍色に染まる」の意。藍色の染料をとる植物のひとつがインドコマツナギ (*I. tinctoria*)。日本のは、その役に立たないので「染色になる」の意の *tinctoria* に「偽の」の意味の *pseudo-* がついた。
3. **カワラケツメイ** *Chamaecrista nomame* 〔ジャケツイバラ科〕
   「河原決明」と書く。薬用にする「決明（エビスグサともいう）」と同じ仲間で、葉や煎った豆果を薬用茶として利用するという。ツマグロキチョウの食草。
4. **カワラサイコ** *Potentilla chinensis* 〔バラ科〕
   根が薬草のミシマサイコに似ているので「河原柴胡」。これも河原に特有の植物。厚みのある葉の裏には白色毛が密生する。
5. **カナビキソウ** *Thesium chinense* 〔ビャクダン科〕
   明るい草地に生える半寄生植物。目立たない植物だが、これに依存して暮らすシロヘリツチカメムシという昆虫にとっては唯一の命綱。
6. **オオフタバムグラ** *Diodia teres* 〔アカネ科〕
   北米原産の帰化植物。
7. **コゴメバオトギリ** *Hypericum perforatum* 〔オトギリソウ科〕
   ヨーロッパ原産の帰化植物。
   葉の表面に透明な点が散在していることから、*perforatum*（「穴のあいた」の意）とついた。
8. **ムシトリナデシコ** *Silene armeria* 〔ナデシコ科〕
   ヨーロッパ原産。園芸用に持ち込まれて各地に広がった。茎の節の下方に粘液が分泌されて、小さな虫が足をとられる。食虫植物ではない。

ものしりコラム＊オトギリソウの伝説

オトギリソウは「弟切草」と書く。この妙な名前には少々血なまぐさい言い伝えがある。昔、ある鷹匠の兄弟がいて、この草を傷ついた鷹の治療のための秘伝の薬として使っていたのだそうだ。ある時、それを弟が口外してしまい、立腹した兄が弟を斬ったというのがそのあらまし。

西洋のオトギリソウは St. John's Wort（聖ヨハネ草）と呼ばれ、十字軍の時代には兵士たちの傷の手当てに使ったという。夏至の日（聖ヨハネの日）にこれを窓や戸口に吊すと、悪魔を除けることができるという伝承はよく知られている。

ユリ

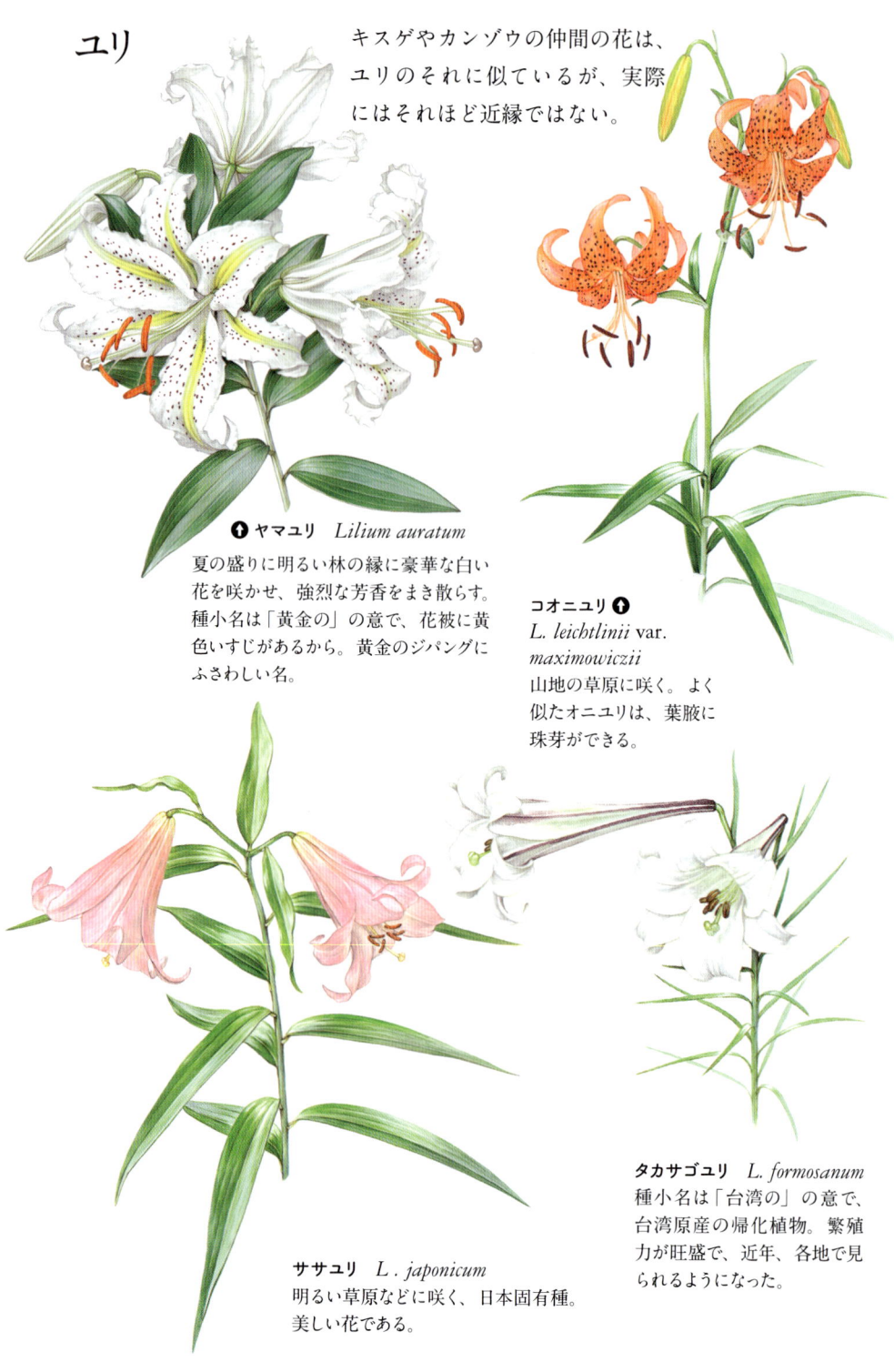

キスゲやカンゾウの仲間の花は、ユリのそれに似ているが、実際にはそれほど近縁ではない。

↑ ヤマユリ *Lilium auratum*
夏の盛りに明るい林の縁に豪華な白い花を咲かせ、強烈な芳香をまき散らす。種小名は「黄金の」の意で、花被に黄色いすじがあるから。黄金のジパングにふさわしい名。

コオニユリ ↑
L. leichtlinii var. *maximowiczii*
山地の草原に咲く。よく似たオニユリは、葉腋に珠芽ができる。

ササユリ *L. japonicum*
明るい草原などに咲く、日本固有種。美しい花である。

タカサゴユリ *L. formosanum*
種小名は「台湾の」の意で、台湾原産の帰化植物。繁殖力が旺盛で、近年、各地で見られるようになった。

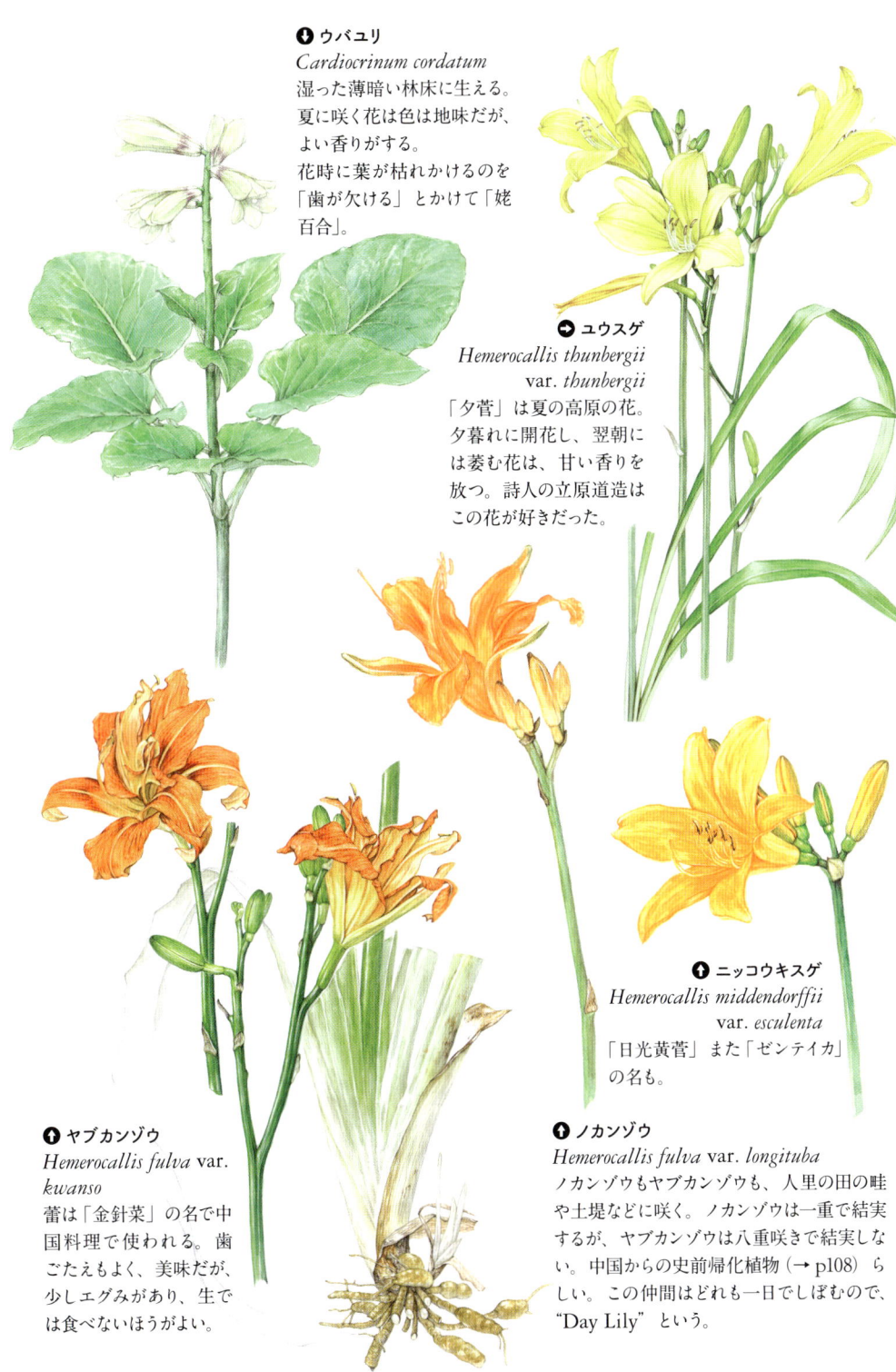

● ウバユリ
Cardiocrinum cordatum
湿った薄暗い林床に生える。夏に咲く花は色は地味だが、よい香りがする。花時に葉が枯れかけるのを「歯が欠ける」とかけて「姥百合」。

● ユウスゲ
Hemerocallis thunbergii var. *thunbergii*
「夕菅」は夏の高原の花。夕暮れに開花し、翌朝には萎む花は、甘い香りを放つ。詩人の立原道造はこの花が好きだった。

● ニッコウキスゲ
Hemerocallis middendorffii var. *esculenta*
「日光黄菅」また「ゼンテイカ」の名も。

● ヤブカンゾウ
Hemerocallis fulva var. *kwanso*
蕾は「金針菜」の名で中国料理で使われる。歯ごたえもよく、美味だが、少しエグみがあり、生では食べないほうがよい。

● ノカンゾウ
Hemerocallis fulva var. *longituba*
ノカンゾウもヤブカンゾウも、人里の田の畦や土堤などに咲く。ノカンゾウは一重で結実するが、ヤブカンゾウは八重咲きで結実しない。中国からの史前帰化植物（→ p108）らしい。この仲間はどれも一日でしぼむので、"Day Lily"という。

大暑 7月下旬

➡ ネジバナ *Sprathus sinensis*
〔ラン科〕
芝生や河原の草むらなどに生える。小さな花がらせん状に配列。「もじずり」とも呼ぶ。

⬆ カタバミ *Oxalis corniculata* 〔カタバミ科〕
南米原産のムラサキカタバミもあちこちに野生化している。カタバミはヤマトシジミの食草。

キツネノマゴ ⬆
Justicia procumbens var. *leucantha*
〔キツネノマゴ科〕
「きつねのままこ」がなまった名前だという。道端にごく普通にある。

⬆ オオバコ *Plantago asiatica*
〔オオバコ科〕
人が踏みかためたような、他の植物が生えない路面や庭に生える。「車前草」とも呼び、薬用にする。

⬇ ゲンノショウコ
Geranium thumbergii
〔フウロソウ科〕
下痢止めに特効があるというので「現の証拠」。ピンクの花もある。

梅雨明け十日という。近頃はどうも、その梅雨明けの時期がはっきりしないが、だいたいこの頃に真夏の暑い季節に突入する。待ってましたとばかりに鳴きだすのがアブラゼミ、それにひき続いてミンミンゼミが加わる。

　林縁部の草むらには、豪華なヤマユリが咲く。クロアゲハが翅の裏を花粉で朱に染めて蜜を吸っている。キノコ好きなら雑木林に赤いタマゴタケを見つけて喜ぶだろう。

　昼の暑さを避けて、夜の雑木林を探検するのもこの季節の楽しみのひとつ。クヌギやコナラの樹液に集まるのはカブトムシやクワガタばかりではない。シロシタバという大きなヤガ（夜蛾）の仲間は、初めて見るとその大きさと美しさに感動する。ほかにもベニシタバやキシタバの仲間、ベニスズメやクルマスズメといった大型のスズメガの仲間。それから大きなミヤマカミキリ。なんといってもびっくりしたのは、ムラサキトビケラという日本で一番大きく一番美しいトビケラが、コナラの樹液に来ていたことだ。

ムラサキトビケラ
Eubaslilissa regina
〔トビケラ科〕
この美しいトビケラは夜行性らしい。
幼虫は水の中に棲む。

クロコガネ
Holotrichia kiotoensis
〔コガネムシ科〕
サクラやウメ、オニグルミなどの葉を食べる。夜行性でよく灯火にも飛来する。

コガネムシ
Mimela splendens
〔コガネムシ科〕
和名を単に「コガネムシ」という。田の畔や水路の縁のコウヤワラビなどによく見つかる。上翅は濃緑色で強い光沢がある。

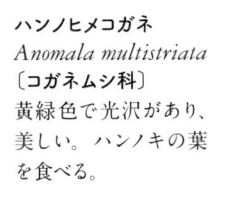

ハンノヒメコガネ
Anomala multistriata
〔コガネムシ科〕
黄緑色で光沢があり、美しい。ハンノキの葉を食べる。

コフキコガネ
Melolontha japonica
〔コガネムシ科〕
日本産のコガネムシでは大きい部類。淡灰褐色の毛があって、粉を吹いたように見える。オニグルミやミズキなどの葉を食べる。

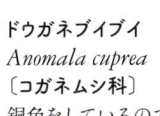

ドウガネブイブイ
Anomala cuprea
〔コガネムシ科〕
銅色をしているのでこういう名前。灯火にもよく飛んでくる。

キュウリの味がするスズメウリ

↓ イタドリ *Reynoutria japonica*
〔タデ科〕
林縁部や明るい草むらなどに群生する大きな草。雌雄異株。白い小さな花を密につける。漢名を「虎杖」といい、北海道には「虎杖浜」という地名がある。

ヤブマオ
Boehmeria japonica var. *longispica*
〔イラクサ科〕
道端に普通にある。繊維をとるのに利用されたカラムシも同じ仲間。カラムシは葉の裏が白く、葉は互生する。ヤブマオは対生。

タケニグサ →
Macleaya cordata 〔ケシ科〕
伐採地などに生える大きな草。茎を折ると黄色い汁が出る。枯れた太い茎は光沢のある黄褐色で、まるでタケのようだ。

エゾノギシギシの果実

ナガバギシギシの果実

↑ エゾノギシギシ *Rumex japonicus* 〔タデ科〕
名前からは北海道を連想するが、ヨーロッパ原産の帰化植物。よく似たものにギシギシ、ナガバギシギシなどがある。

果実
おしべ
めしべ
めしべ
花弁
1
2
a
3
b
4
5
未熟な果実は
キュウリそっく
りの味。
6
托葉
7

藪を作るつる草の数々。葉の形で区別できるだろうか？

1 **カナムグラ** *Humulus japonicus* 〔**クワ科**〕
  茎や葉柄にある下向きの刺で、ものにからみつく。キタテハ（→ p115）の食草。
2 **ヤブカラシ** *Cayratia japonica* 〔**ブドウ科**〕
  開花後ほどなく花弁とおしべが脱落し、めしべが伸長する。花盤はオレンジ色からやがて淡紅色に変わる。
  果実は黒熟するが、ほとんど虫こぶになったものばかり。
3 **ノブドウ** *Ampelopsis brevipedunculata* var. *heterophylla* 〔**ブドウ科**〕
  果実は美しく色づくが食べられない。虫こぶになったものも多い（→ p59）。
  葉の形に変異が多く、ほとんど切れこまないもの (a) から、深く切れこむもの (b) まで、さまざま。
4 **アマチャヅル**（→ p123）   5 **スズメウリ**（→ p121）
6 **ヘクソカズラ**（→ p80）   7 **アオツヅラフジ**（→ p123）

ヘクソカズラ ➡
Paederia scandens〔アカネ科〕
「屁糞葛」とは気の毒な名前だが、万葉の昔からの由緒ある名前だ。つるは左巻き。

ヤマノイモ ⬆
Dioscorea japonica〔ヤマノイモ科〕
雌雄異株。つるは右巻き。
ヤマノイモの雄花の花序は立ち上がり、雌花の花序は下垂する。花のつく茎の葉は対生。よく似たオニドコロ（→ p127）は互生で、つるは左巻き。

ヒルガオ ⬇
Calystegia japonica
〔ヒルガオ科〕

コヒルガオ ⬆
Calystegia hederacea
〔ヒルガオ科〕
ヒルガオ（「昼顔」）もコヒルガオ（「小昼顔」）も、初夏から盛夏にかけて花が咲く。ヒルガオはまれに結実する。

⬆ コヒルガオの葉

⬅ ヒルガオの葉

ものしりコラム＊右巻きと左巻き

つる性の植物では、茎そのものがらせんを描いて、ほかの植物に巻きつくものがたくさんある。つるの巻き方は植物の種類ごとにほぼ一定しているが、右巻きか左巻きかの区別は、見方によって正反対になるのでややこしい。ここでは、根元から伸長する方向に向かって見たときに右旋回であれば右巻き、反対の場合を左巻きとする。

左巻き　右巻き

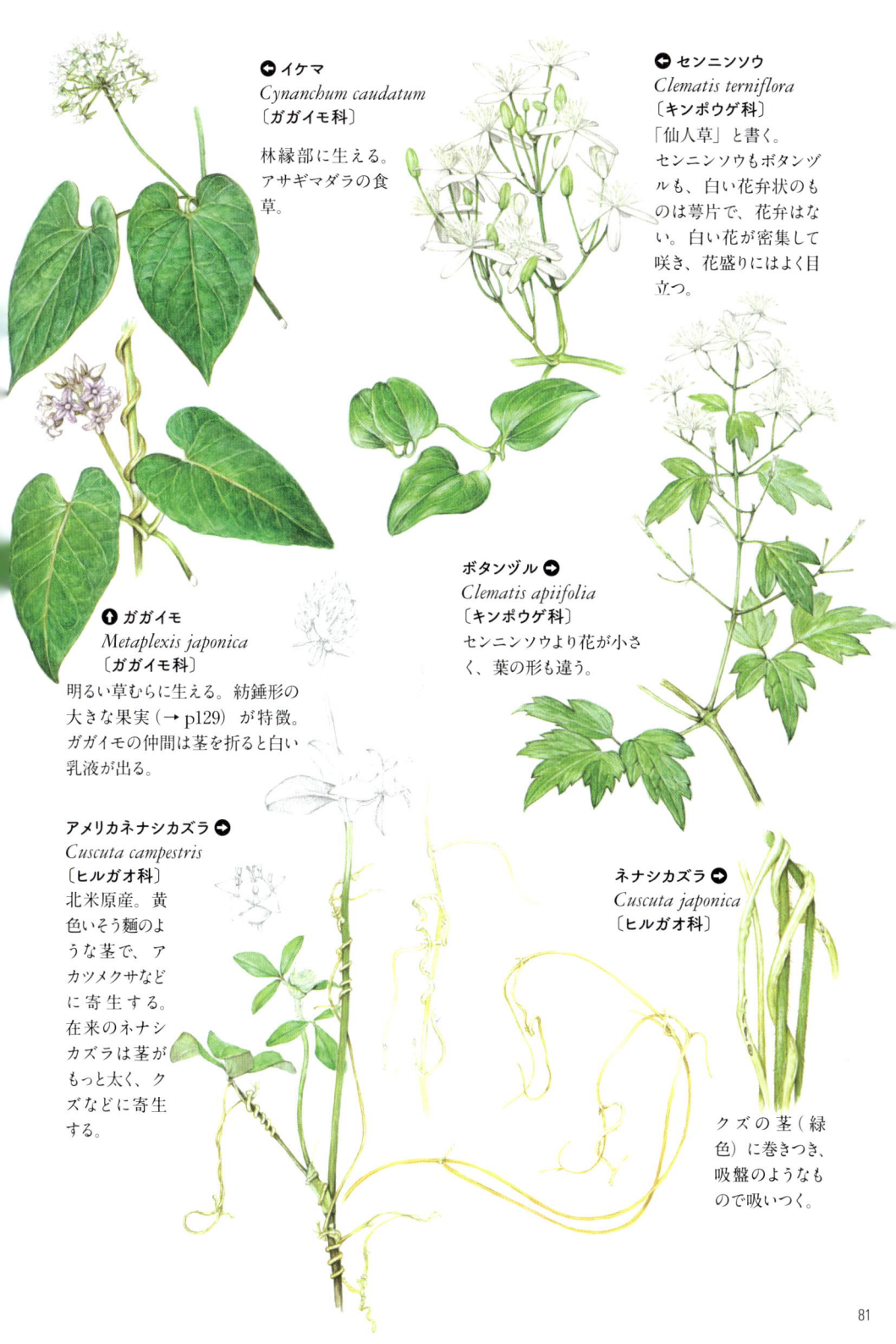

← イケマ
Cynanchum caudatum
〔ガガイモ科〕

林縁部に生える。アサギマダラの食草。

← センニンソウ
Clematis terniflora
〔キンポウゲ科〕

「仙人草」と書く。センニンソウもボタンヅルも、白い花弁状のものは萼片で、花弁はない。白い花が密集して咲き、花盛りにはよく目立つ。

↑ ガガイモ
Metaplexis japonica
〔ガガイモ科〕

明るい草むらに生える。紡錘形の大きな果実（→ p129）が特徴。ガガイモの仲間は茎を折ると白い乳液が出る。

ボタンヅル →
Clematis apiifolia
〔キンポウゲ科〕

センニンソウより花が小さく、葉の形も違う。

アメリカネナシカズラ →
Cuscuta campestris
〔ヒルガオ科〕

北米原産。黄色いそう麺のような茎で、アカツメクサなどに寄生する。在来のネナシカズラは茎がもっと太く、クズなどに寄生する。

ネナシカズラ →
Cuscuta japonica
〔ヒルガオ科〕

クズの茎（緑色）に巻きつき、吸盤のようなもので吸いつく。

ツユクサの花

雄花

両性花

めしべ

おしべ

花の中央部の黄色いものは不稔のおしべ

地面に接した茎の節から発根する

◐ ツユクサ　*Commelina communis*　〔ツユクサ科〕

柏餅のような形の苞を開いてみよう。主軸の延長線上に1本の細い軸がある。その根元から斜上するより太い軸の先に、蕾が数個、身をかがめている（A）。細い軸にはなにもついていないことが多い。ここには雄花が咲くことが多く（両性花の場合もある）、結実せずに脱落するか、はじめからなにも咲かない場合もあるようだ。

数日おきにひとつずつ花の軸が立ちあがって開花し、閉じると同時に軸はそり返って再び苞の中に隠れ、結実する（B→C）。

A

B

C

ミョウガ ➡
Zingiber mioga　〔ショウガ科〕

夏から秋にかけて、根元から生ずる若い花序を食用にする。淡黄色の花は幻想的で美しいが、めったに結実しない。ミョウガは古い時代に中国から渡来したもの。花筒部がとても長く、察するところこの長い花筒部に口吻をもぐりこませ、吸蜜する送粉昆虫——おそらくハナバチの仲間——が日本にいないためではないか。

雌花

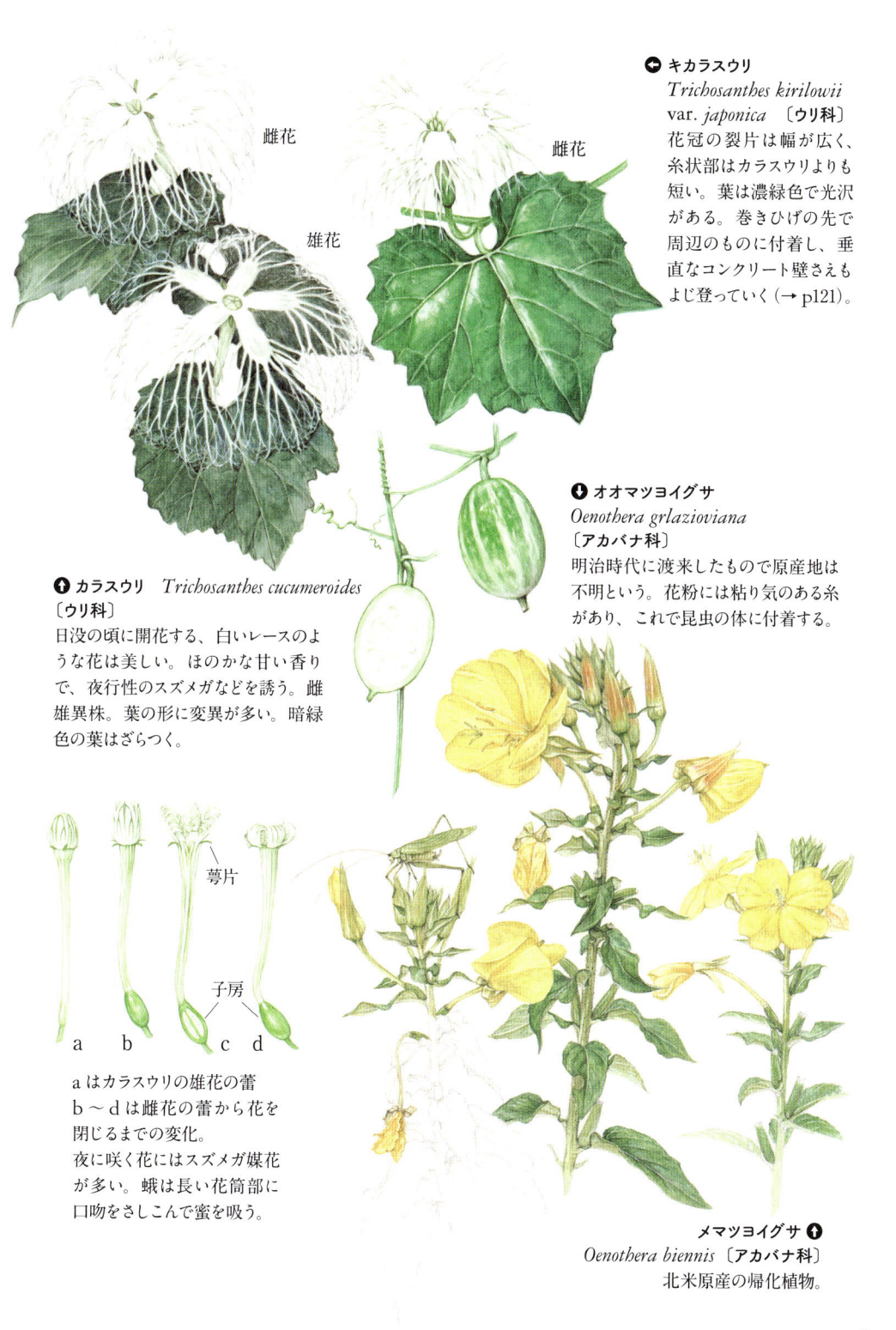

雌花

雄花

🔽 **キカラスウリ**
Trichosanthes kirilowii var. *japonica* 〔ウリ科〕
花冠の裂片は幅が広く、糸状部はカラスウリよりも短い。葉は濃緑色で光沢がある。巻きひげの先で周辺のものに付着し、垂直なコンクリート壁さえもよじ登っていく（→ p121）。

🔼 **カラスウリ** *Trichosanthes cucumeroides* 〔ウリ科〕
日没の頃に開花する、白いレースのような花は美しい。ほのかな甘い香りで、夜行性のスズメガなどを誘う。雌雄異株。葉の形に変異が多い。暗緑色の葉はざらつく。

🔽 **オオマツヨイグサ**
Oenothera grlazioviana 〔アカバナ科〕
明治時代に渡来したもので原産地は不明という。花粉には粘り気のある糸があり、これで昆虫の体に付着する。

萼片

子房

a b c d

aはカラスウリの雄花の蕾
b〜dは雌花の蕾から花を閉じるまでの変化。
夜に咲く花にはスズメガ媒花が多い。蛾は長い花筒部に口吻をさしこんで蜜を吸う。

メマツヨイグサ 🔼
Oenothera biennis 〔アカバナ科〕
北米原産の帰化植物。

立秋　8月上旬

カネタタキの声が聞こえはじめる

1　**マツカゼソウ**　*Boehnninghausenia albiflora*〔**ミカン科**〕
「松風草」はじつは「松が枝草」の転訛ではないかともいう。特有の香りがある。

2　**ミズヒキ**　*Polygonum filiforme*〔**タデ科**〕
林縁部など、やや湿った木蔭に生える。「水引」は花序のようすからつけられた名前。

3　**キンミズヒキ**　*Agrimonia pilosa*〔**バラ科**〕
細長い花序に小さな黄色い花を咲かせることから「金水引」と呼ばれる。

4　**ヤブマメ**　(→ p105)

5　**ヤマジノホトトギス**　*Trycyrtis affinis*〔**ユリ科**〕
「山路の杜鵑草」。花被片のまだら模様を鳥のホトトギスの胸の模様に見たてた名前。

旧暦の七夕はこの日。太陽暦ではまだ梅雨の最中で、星を見るには具合が悪い。ペルセウス座流星群の出現もこの頃で、いつぞや北海道は大雪山黒岳の石室の近くで見た満点の星空は見事だった。

　カラスウリの優雅な白い花を見られるのもこの時期。日没の頃に花を開き、翌朝にはなにごともなかったかのように花弁をしまいこんでしまう不思議さ。レースのような白い花は群れて咲くと幻想的で美しく、ほのかな香りもこころよい。

　草むらでは、昼間のキリギリスに代わってウマオイが鳴く。窓を開け放しておくとカネタタキという小さなコオロギの仲間が入ってきて「チッ チッ チッ」と澄んだ軽快な音をたてる。庭の植え込みなどにも棲みついていて、街中でもよく見かける昆虫だ。秋の訪れを予感させるのはツクツクボウシだろう。アブラゼミやミンミンゼミにくらべて、はるかに音色も豊かで音域も広く、絶妙な節回しがすばらしく音楽的だ。年によっては10月半ばまでその声を聞くことがある。

キリギリス　*Gampsocleis buergeri*〔**キリギリス科**〕（上）
ハヤシノウマオイ　*Hexacenterus japonicus*〔**キリギリス科**〕（下）

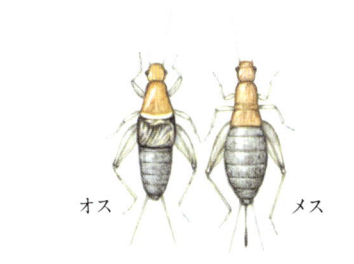

カネタタキ　⬆
Ornebius kanetataki〔**コオロギ科**〕
オスは翅が短く、メスには翅がない。

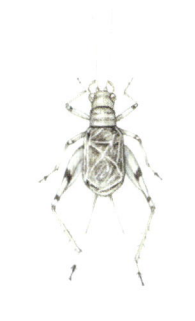

⬇ **クサヒバリ**
Paratrigonidium bifasciatum
〔**コオロギ科**〕
「夢はいつもかへって行った　山の麓のさびしい村に
水引草に風が立ち
草ひばりのうたひやまない
しづまりかへった午さがりの林道を」と立原道造がうたったその「草ひばり」はこの小さなコオロギの一種。「フィリリリリリ……」と軽やかに鳴く。

狐の剃刀
かみそり

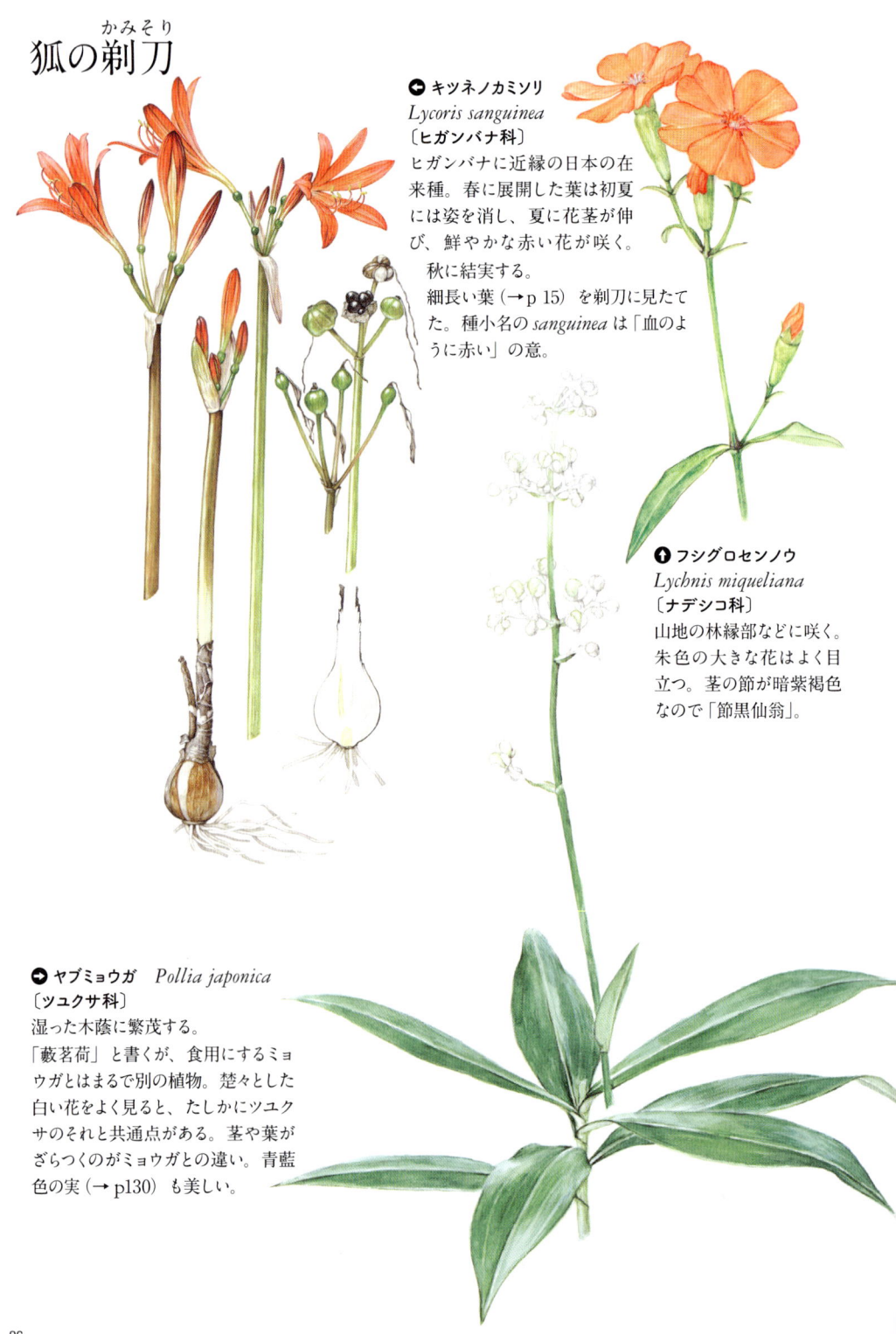

⮕ キツネノカミソリ
Lycoris sanguinea
〔ヒガンバナ科〕
ヒガンバナに近縁の日本の在来種。春に展開した葉は初夏には姿を消し、夏に花茎が伸び、鮮やかな赤い花が咲く。秋に結実する。
細長い葉（→p15）を剃刀に見たてた。種小名の *sanguinea* は「血のように赤い」の意。

⬆ フシグロセンノウ
Lychnis miqueliana
〔ナデシコ科〕
山地の林縁部などに咲く。朱色の大きな花はよく目立つ。茎の節が暗紫褐色なので「節黒仙翁」。

⮕ ヤブミョウガ *Pollia japonica*
〔ツユクサ科〕
湿った木蔭に繁茂する。
「藪茗荷」と書くが、食用にするミョウガとはまるで別の植物。楚々とした白い花をよく見ると、たしかにツユクサのそれと共通点がある。茎や葉がざらつくのがミョウガとの違い。青藍色の実（→p130）も美しい。

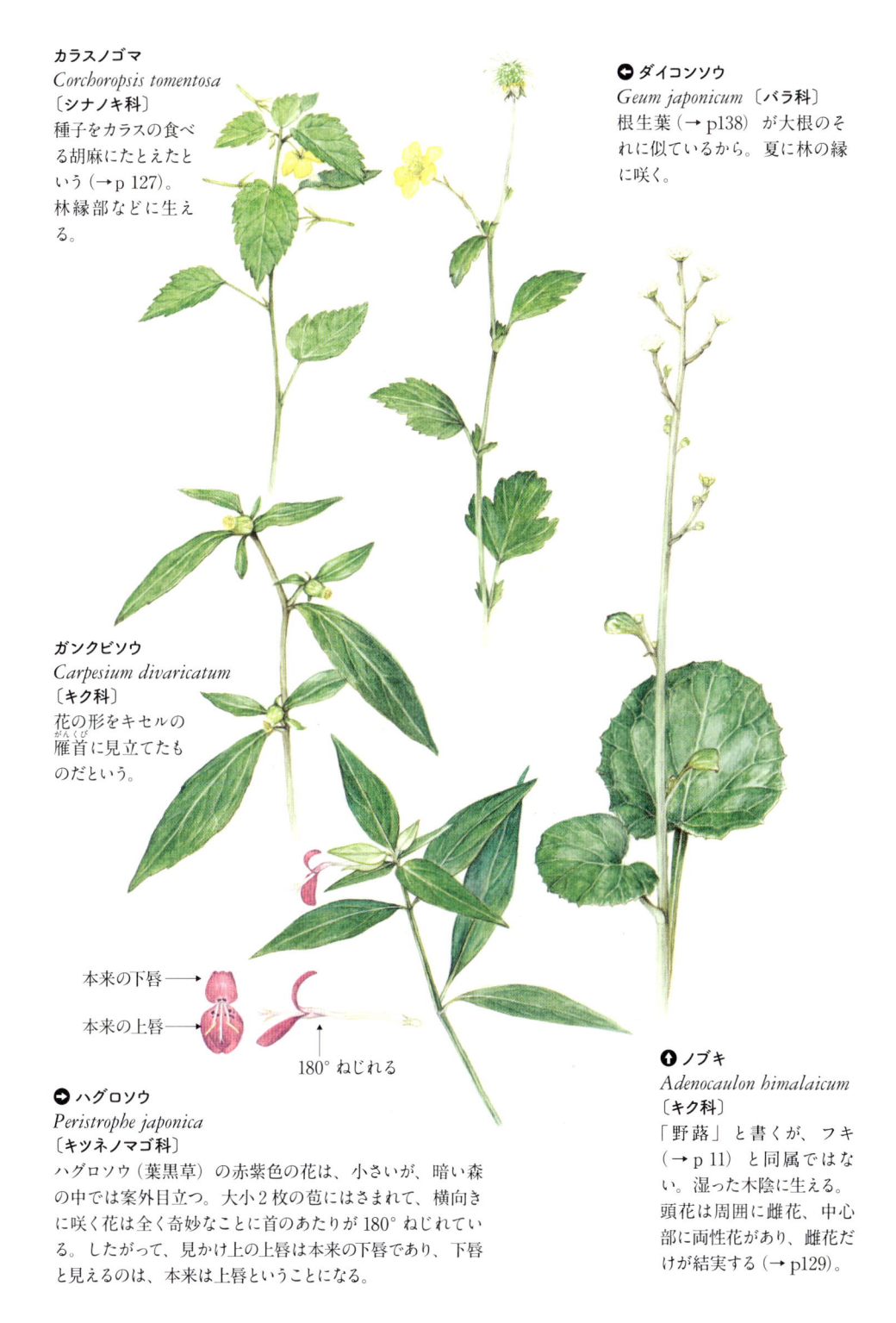

カラスノゴマ
Corchoropsis tomentosa
〔シナノキ科〕
種子をカラスの食べる胡麻にたとえたという（→p 127）。林縁部などに生える。

● ダイコンソウ
Geum japonicum〔バラ科〕
根生葉（→ p138）が大根のそれに似ているから。夏に林の縁に咲く。

ガンクビソウ
Carpesium divaricatum
〔キク科〕
花の形をキセルの雁首（がんくび）に見立てたものだという。

本来の下唇 →
本来の上唇 →
180°ねじれる

● ハグロソウ
Peristrophe japonica
〔キツネノマゴ科〕
ハグロソウ（葉黒草）の赤紫色の花は、小さいが、暗い森の中では案外目立つ。大小2枚の苞にはさまれて、横向きに咲く花は全く奇妙なことに首のあたりが180°ねじれている。したがって、見かけ上の上唇は本来の下唇であり、下唇と見えるのは、本来は上唇ということになる。

● ノブキ
Adenocaulon himalaicum
〔キク科〕
「野蕗」と書くが、フキ（→ p 11）と同属ではない。湿った木陰に生える。頭花は周囲に雌花、中心部に両性花があり、雌花だけが結実する（→ p129）。

湿地の植物

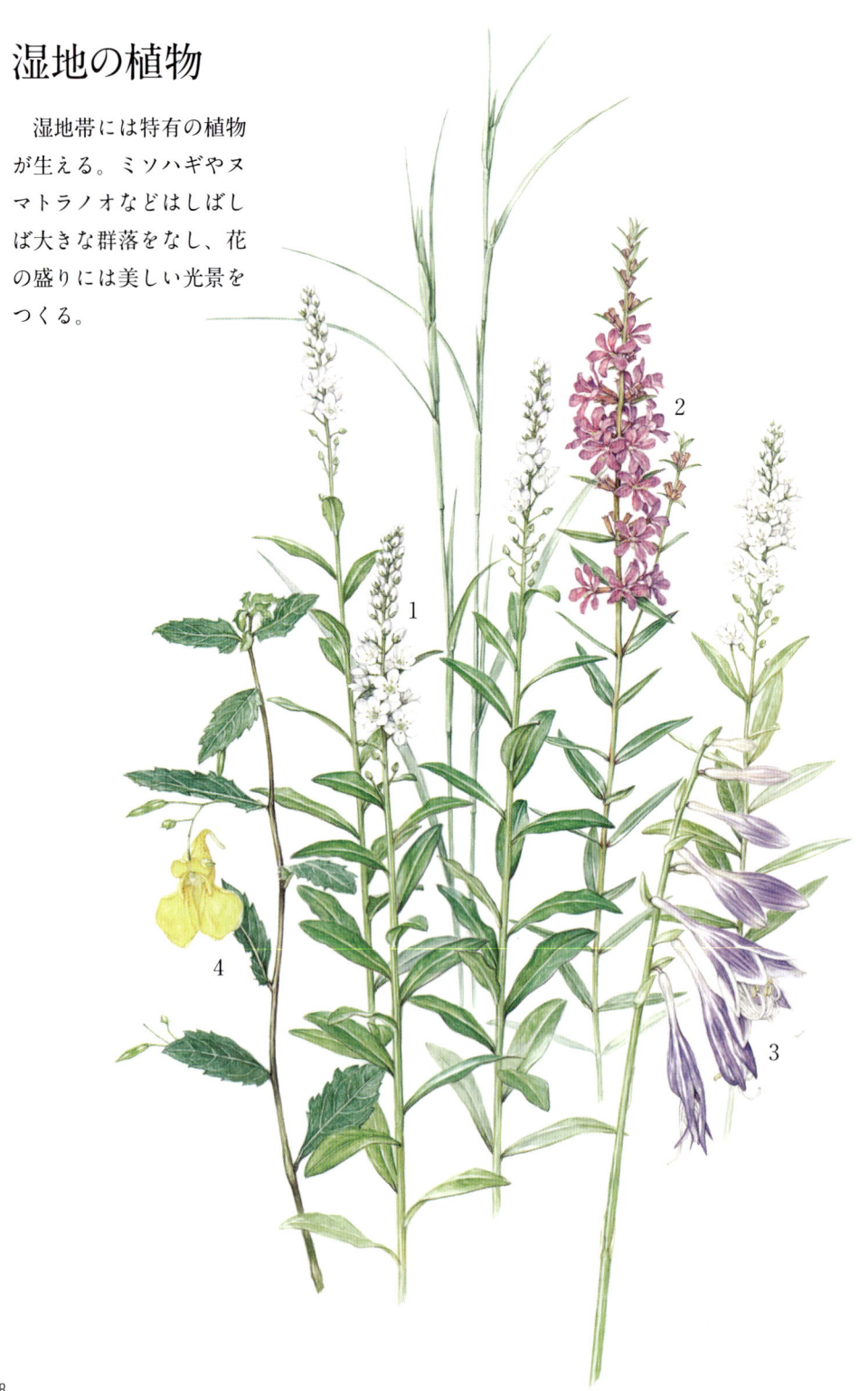

　湿地帯には特有の植物が生える。ミソハギやヌマトラノオなどはしばしば大きな群落をなし、花の盛りには美しい光景をつくる。

1 **ヌマトラノオ** *Lysimachia fortunei* 〔サクラソウ科〕
　直立した茎の先に白い花が穂になって咲く。林縁部の草むらに生えるオカトラノオは大型で花つきもよく、花序が湾曲する。
2 **ミソハギ** *Lythrum anceps* 〔ミソハギ科〕
　禊（みそぎ）に用いたので「禊萩（みそぎはぎ）」、それが転訛したという。お盆の頃、湿地や休耕田を彩る。おしべとめしべの長さの違いで3つの型がある。
3 **コバギボウシ** *Hosta sieboldii* 〔ユリ科〕
　湿地や、やや湿った明るい林縁などに生える。
　和名は「小葉擬宝珠」。擬宝珠は寺社や橋の欄干（らんかん）の飾りのことで、展開する前の花序の先がその形に似ているからだという。山菜の「ウルイ」は本種の若芽。
4 **キツリフネ** *Impatiens nolitangere* 〔ツリフネソウ科〕
　湿地や小川のほとりに咲く。マルハナバチがよく吸蜜にやってくる。

モウセンゴケの咲くところ

モウセンゴケは養分の乏しい湿地に生える食虫植物。寒冷なために枯死した植物が分解されないような場所や、低地でも酸性で貧栄養の湧水でうるおされるような湿地がモウセンゴケの棲み家。

5 **モウセンゴケ** *Drosera rotundifolia* 〔モウセンゴケ科〕
　スプーン状の葉に密生する腺毛から、粘液を分泌し、虫を捕らえる。
6 **ミミカキグサ** *Utricularia bifida* 〔タヌキモ科〕
　果実の形を「耳かき」に見立てた名前。
7 **ホザキノミミカキグサ** *Utricularia racemosa* 〔タヌキモ科〕
　ミミカキグサの仲間は地下茎に、小さな虫を捕らえる袋がある。
8 **ハッチョウトンボ** *Nannophya pygmaea*
　明るい湿地に棲む、日本で一番小さいトンボ。
9 **アオモンイトトンボ** *Ischnura senegalensis*
　平地の水草の多い池に棲む。図は未熟なメス。

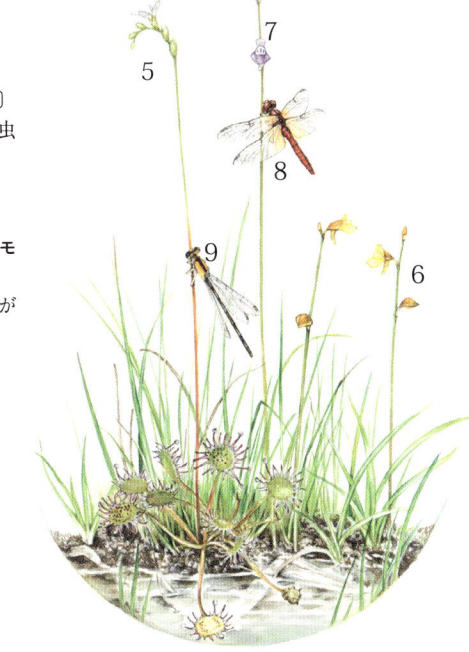

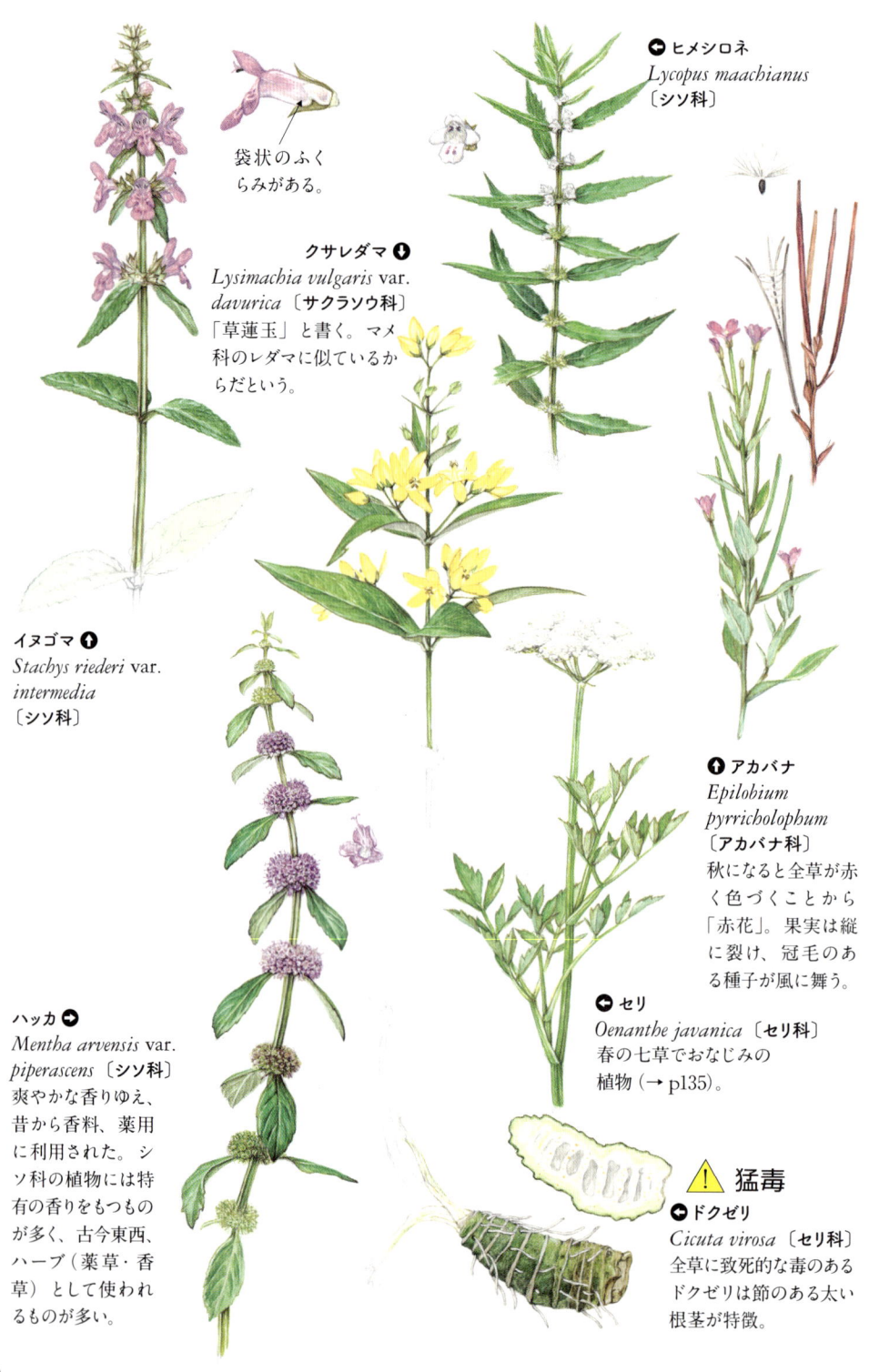

⬅ ヒメシロネ
Lycopus maachianus
〔シソ科〕

袋状のふくらみがある。

クサレダマ ⬇
Lysimachia vulgaris var. *davurica* 〔サクラソウ科〕
「草連玉」と書く。マメ科のレダマに似ているからだという。

イヌゴマ ⬆
Stachys riederi var. *intermedia*
〔シソ科〕

⬆ アカバナ
Epilobium pyrricholophum
〔アカバナ科〕
秋になると全草が赤く色づくことから「赤花」。果実は縦に裂け、冠毛のある種子が風に舞う。

ハッカ ➡
Mentha arvensis var. *piperascens* 〔シソ科〕
爽やかな香りゆえ、昔から香料、薬用に利用された。シソ科の植物には特有の香りをもつものが多く、古今東西、ハーブ（薬草・香草）として使われるものが多い。

⬅ セリ
Oenanthe javanica 〔セリ科〕
春の七草でおなじみの植物（→ p135）。

⚠ 猛毒

⬅ ドクゼリ
Cicuta virosa 〔セリ科〕
全草に致死的な毒のあるドクゼリは節のある太い根茎が特徴。

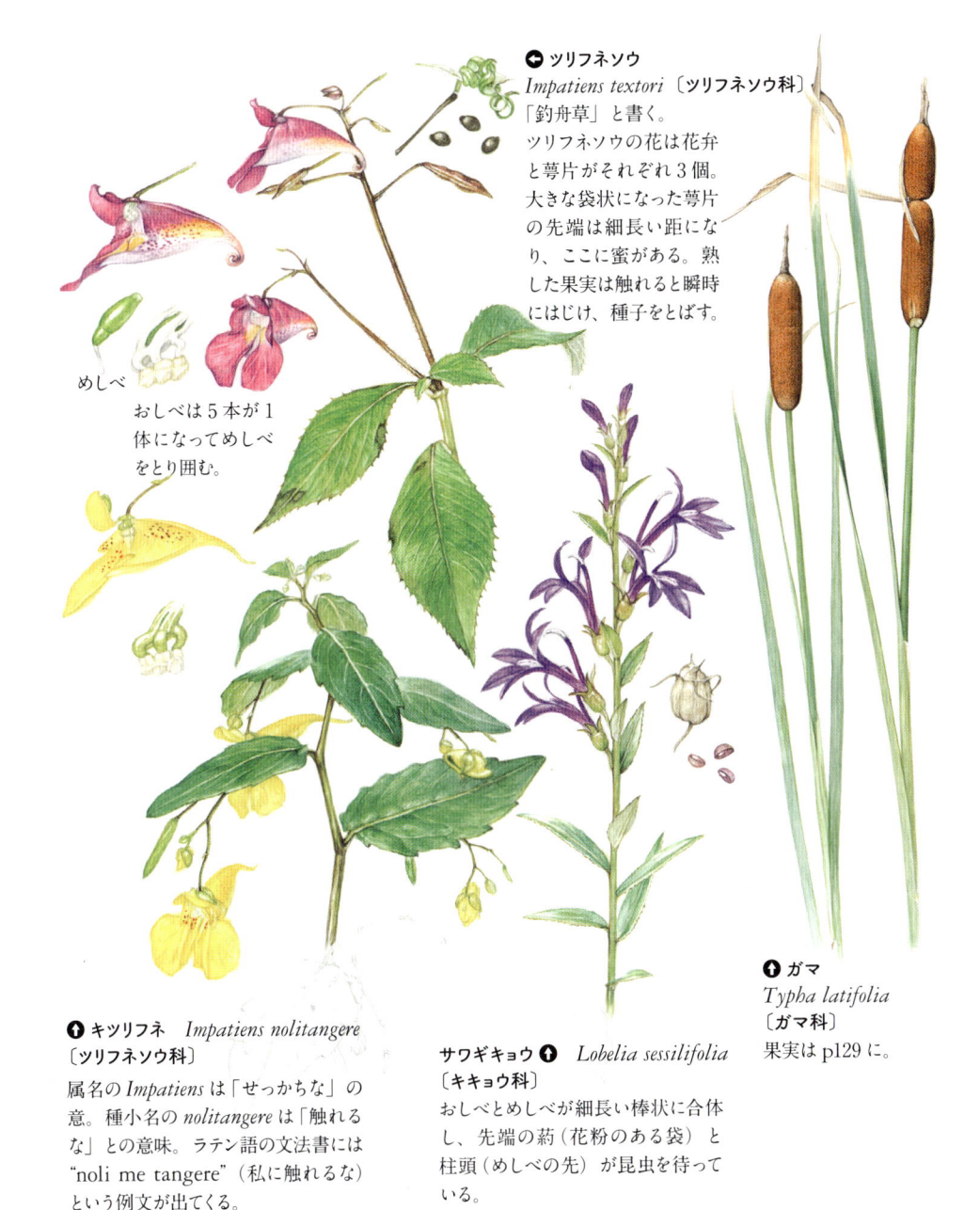

○ ツリフネソウ
Impatiens textori 〔ツリフネソウ科〕
「釣舟草」と書く。ツリフネソウの花は花弁と萼片がそれぞれ3個。大きな袋状になった萼片の先端は細長い距になり、ここに蜜がある。熟した果実は触れると瞬時にはじけ、種子をとばす。

めしべ
おしべは5本が1体になってめしべをとり囲む。

○ キツリフネ　*Impatiens nolitangere*
〔ツリフネソウ科〕
属名の *Impatiens* は「せっかちな」の意。種小名の *nolitangere* は「触れるな」との意味。ラテン語の文法書には "noli me tangere"（私に触れるな）という例文が出てくる。

サワギキョウ ○　*Lobelia sessilifolia*
〔キキョウ科〕
おしべとめしべが細長い棒状に合体し、先端の葯（花粉のある袋）と柱頭（めしべの先）が昆虫を待っている。

○ ガマ
Typha latifolia
〔ガマ科〕
果実は p129 に。

　ハッカやシロネの生える湿地は、開発などのためにすっかり少なくなった。ハッカには、ハッカハムシ、シロネやヒメシロネにはオオルリハムシという、大型の美しいハムシがそれを食べて暮らす。休耕田などにわずかに残ったハッカを見ることがあるが、それらの昆虫たちが生き続けるには、規模があまりにも小さい。

91

田んぼの雑草

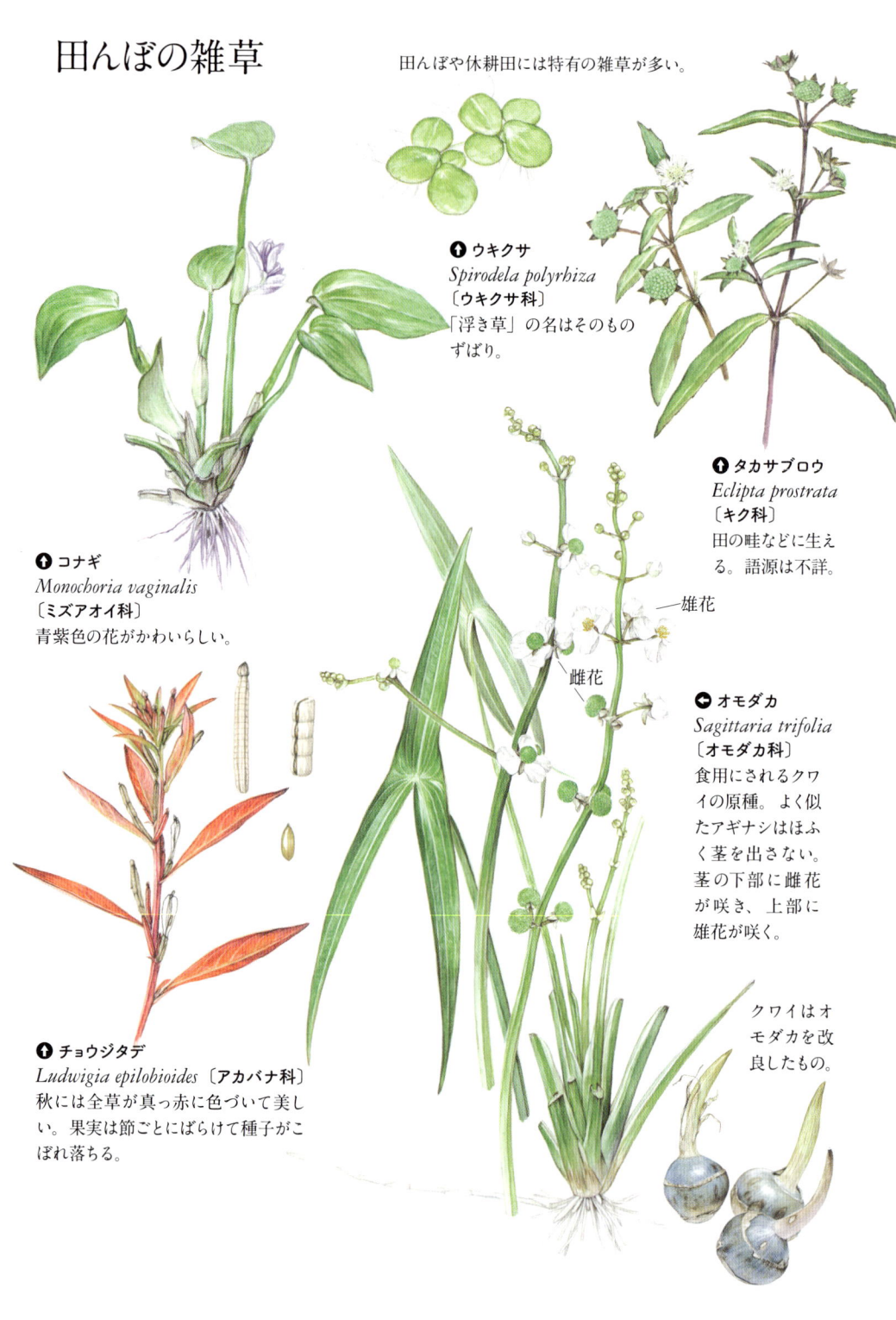

田んぼや休耕田には特有の雑草が多い。

↑ ウキクサ
Spirodela polyrhiza
〔ウキクサ科〕
「浮き草」の名はそのものずばり。

↑ タカサブロウ
Eclipta prostrata
〔キク科〕
田の畦などに生える。語源は不詳。

↑ コナギ
Monochoria vaginalis
〔ミズアオイ科〕
青紫色の花がかわいらしい。

雄花

雌花

← オモダカ
Sagittaria trifolia
〔オモダカ科〕
食用にされるクワイの原種。よく似たアギナシはほふく茎を出さない。茎の下部に雌花が咲き、上部に雄花が咲く。

↑ チョウジタデ
Ludwigia epilobioides 〔アカバナ科〕
秋には全草が真っ赤に色づいて美しい。果実は節ごとにばらけて種子がこぼれ落ちる。

クワイはオモダカを改良したもの。

◆ アメリカアゼナ
Lindernia dubia 〔ゴマノハグサ科〕
昔からあるアゼナより、最近はこちらの
ほうが多い。

◆ アゼトウガラシ
Lindernia angustifolia
〔ゴマノハグサ科〕

◆ イボクサ
Murdannia keisak
〔ツユクサ科〕
淡いピンク色の可憐な花
は、短時間のうちにしぼ
んでしまう。秋に全草が
ばら色になる。イボを治
す薬にしたということにち
なむ名。

◆ アブノメ
Dopatrium junceum
〔ゴマノハグサ科〕

◆ サワトウガラシ
Deinostema violaceum
〔ゴマノハグサ科〕

◆ アゼムシロ（別名ミゾカクシ）
Lobelia chinensis 〔キキョウ科〕
田の畦などに一面にひろがる
ことにちなむ名前。

ものしりコラム＊雑草の戦略

アメリカアゼナやアゼトウガラシ、サワトウガラシ、アブノメなど皆、一年草。
不安定な環境で生活史を完結させる雑草の戦略のひとつ。
「アゼ（畦）」とか「ミゾ（溝）」「サワ（沢）」など、生育する環境を反映した名だ。

池や沼の植物

　池や沼、小川や用水路などの水の中で暮らす植物のうち、茎葉が水の中から空中につき出すものを抽水植物、水面に葉が浮くものを浮葉植物、水中に沈んでいるものを沈水植物、水面を漂うものを浮遊植物という。

1　アサザ
Nymphoides peltata　〔ミツガシワ科〕
スイレンに似た、丸い葉が水面に浮く（a）、岸辺の泥の中からは陸上生活に適した形の葉（b）が出る。夏に黄色い花が咲く。絶滅危惧種。

2　ナガエミクリ
Sparganium japonicum　〔ミクリ科〕
長い葉が流れの中に沈んでいて、花期に茎が空中に立ち上がり、花が咲く。枝の下部に雌花、上部に雄花が咲く。「長柄実栗」。

3 **ヒルムシロ**
Potamogeton distinctus
〔ヒルムシロ科〕
ため池や用水路に生育。ヒルが棲むようなところに生えるから。

4 **ミズオオバコ**
Ottelia alismoides
〔トチカガミ科〕
オオバコに似た葉は水の中にあるので、これは沈水植物。水面に浮いて咲く淡いピンクの花がかわいらしい。

5 **バイカモ**
Ranunculus nipponicus var.*submersus*
〔キンポウゲ科〕
浅い清流などに生え、5弁の白い花が咲く。細く枝分かれした葉は水中に沈んでいる。春の土堤に咲く、キンポウゲの仲間。「梅花藻」。

6 **クロモ**
Hydrilla verticillata
〔トチカガミ科〕
池や沼、用水路などの水の中に生える沈水植物。成熟した白い雄花は水面を漂って雌花に流れつく。

7 **タヌキモ**
Utricularia vulgaris var. *japonica*
〔タヌキモ科〕
水中を浮遊する食虫植物。葉には袋状の捕虫嚢がある。

処暑 8月下旬
しょしょ

1　シロヨメナ（→ p98）
2　ノコンギク（→ p99）
3　ヤクシソウ　*Youngia denticulata*〔キク科〕
陽あたりのよい林縁や崖などに生える。根生葉の形を薬師如来の光背に見たてたとも。

　田んぼの畦にユウガギクが咲きだし、林の縁のシラヤマギクが花をつけだす。秋の気配も色濃くなってきた。
　水田の稲の穂に混じって、オモダカの白い花も見える。嫌われ者の雑草だが、姿かたちには趣きがある。イボクサやコナギなど、田んぼや休耕田の雑草も近づいて見るとおもしろいし、可愛らしいものだ。
　道ばたの草むらにはキツネノマゴ（→ p76）が小さなピンクの花をつぎつぎに咲かせている。どうということのないただの雑草にしか見えないが、どうしてどうして、いろいろな昆虫の蜜源になっている。チョウもよく来るし、ハナバチもひんぱんに訪れる。
　夜になると、アオマツムシが街路樹で騒がしく鳴きはじめる。中国から渡来した帰化昆虫で、かつては都市の昆虫だったが今では郊外の雑木林にもいる。エンマコオロギが草むらですだきはじめると、いよいよ秋だなあという感慨を抱く。

この季節になると、いろんな虫の音が聞こえてくる。そのひとつひとつの正体をつきとめるには、少し慣れもいるが、聞き分けられると楽しいものだ。

⬅ アオマツムシ
Calyptotrypus hibinonis 〔コオロギ科〕
体はやや平べったい紡錘形。脚の短い、緑色のゴキブリみたいだといったら叱られるかなあ。木の上にいると、葉の色と紛らわしく、容易には見つからない。

⬇ エンマコオロギ *Teleogryllus emma*
〔コオロギ科〕
「コロコロコロ　リィー」と鈴をころがすような美しい音色。最高の歌い手だと思う。

⬆ カンタン　*Oecanthus longicauda*〔コオロギ科〕
クズやヨモギの草むらにいて、「ルルルルル…」と鳴く。しっとりとした情緒のある音のせいか、「カンタンを聴く会」が催されるほどの人気者。

⬅ ミヤマアカネ
Sympetrum pedemontanum elatum〔トンボ科〕
アカトンボの仲間も秋の昆虫。有名なのはアキアカネとナツアカネだが、少し大型で翅の先端に暗褐色の模様のノシメトンボも多い。
ミヤマアカネはナツアカネくらいの大きさで、翅の先端の少し内側に茶色い紋があるので、他種とはすぐに見分けがつく。このほかにもマユタテアカネ、マイコアカネ、ヒメアカネといった種類がいる。

⬅ キンエノコロ
Setaria glauca　〔イネ科〕
穂の剛毛が黄金色に輝いて美しい。

初秋のキク科の仲間

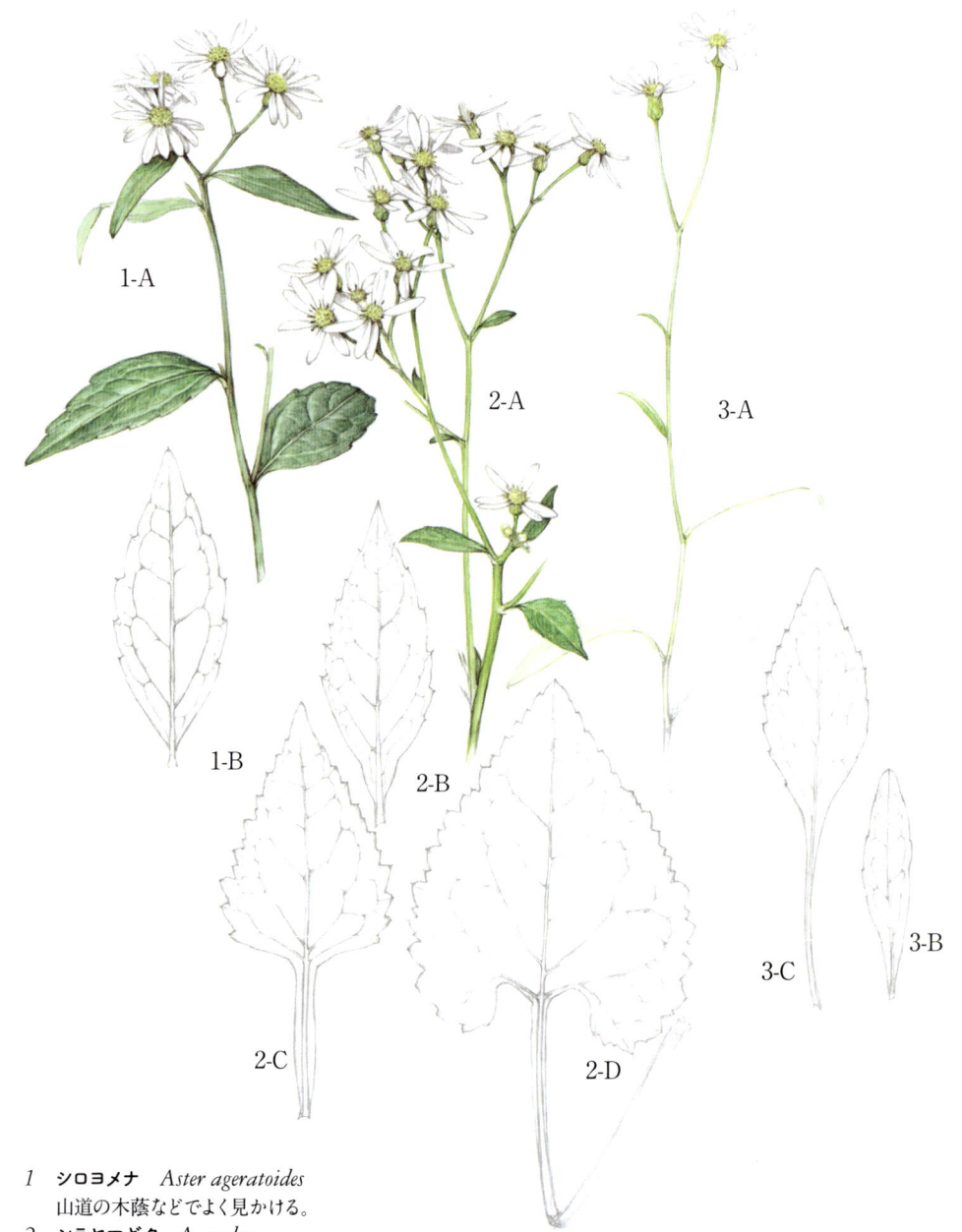

1-A

2-A

3-A

1-B

2-B

3-B

2-C

2-D

3-C

1 **シロヨメナ** *Aster ageratoides*
  山道の木蔭などでよく見かける。
2 **シラヤマギク** *A. scaber*
  舌状花が5〜8個程度と少なく、スカスカした感じの花。明るい林縁や草むらに生え、人の背丈近くにもなる。茎の上部（B）、中部（C）、下部（D）で葉の形が違う。根生葉（D）は大きなハート型になる。
3 **サワシロギク** *A. rugulosus*
  湿地に生える。葉は細長く、全体にきゃしゃな感じ。

1 **カントウヨメナ** *A. yomena* var. *dentatus*
「関東嫁菜」。ヨメナの仲間は花の色や葉の形に変異が多く、見分けが難しい。

2 **ユウガギク** *A. iinumae*
柚子の香りがあるので、「柚香菊」というらしいが、あまりにおわない。カントウヨメナやユウガギクの果実には長い冠毛はない。両者とも田の畦などのやや湿ったところに生える。

3 **ノコンギク** *A. microcephallus* var. *ovatus*
「野紺菊」。花の色は淡いものから濃い紫色まで変異が多い。果実には長い冠毛（→ p129）があり、前二者に比べて乾いたところに多い。前ページの3種とともにシオンの仲間。葉はざらつく。

4 **リュウノウギク** *Chrysanthemum makinoi*
岩場などに生える。「竜脳菊」と書き、葉をもむといわゆるキクの香りがする。

5 **アキノノゲシ** *Lactuca indica*
これはノギクの仲間ではなく、タンポポなどの仲間。茎を折ると白い乳液が出る。花は晴天時に開くが、日がかげると閉じ、1日で萎む。人の背丈以上にも伸びる。レタス（チシャ）はこれに近縁の野菜だ。

| 白露 | 9月上旬 |

「萩、尾花（薄）、桔梗、撫子、女郎花、葛、藤袴、秋の七草」といわれる7種の植物。さかのぼると万葉集巻八、山上憶良の歌にたどりつく。

　　　　秋の野に咲きたる花を指折り、かき数ふれば七種の花
　　　　萩の花、尾花、葛花、なでしこの花、をみなへしまた藤袴、朝顔の花

おしまいの「朝顔の花」は、今日のキキョウであろうといわれている。
　これらの植物、クズをのぞけば、主にススキ草原に生えるもの。屋根を葺いたり、家畜の飼料にする目的で萱場として維持、管理されてきた半自然草原の植物である。

1　シラヤマギク　*Aster scaber*　〔キク科〕（→ p98）
2　ツリガネニンジン　*Adenophora triphylla*　〔キキョウ科〕（→ p102）
3　サワヒヨドリ　*Eupatorium lindleyanum*　〔キク科〕
　　同属のフジバカマは中国から渡来したものと考えられている。
4　ススキ　*Miscanthus sinensis*〔イネ科〕
　　「芒」「薄」と書く。
5　オミナエシ　*Patrinia scabiosaefolia*　〔オミナエシ科〕（→ p102）
6　カワラナデシコ　*Dianthus superbus* var. *longicalycinus*〔ナデシコ科〕
　　ただ単に「ナデシコ」ともいう。花にはほのかな甘い香りがある。

いよいよ秋も佳境に入ってきた。野を彩る秋草の種類も、この先1か月くらいが一番多いのではないだろうか。なにより、色彩豊かだし、訪花する昆虫の顔ぶれも多士済々。

植物の種類が異なれば花の構造も違う。それぞれの構造に適応したパートナーが昆虫の側にもいて、両者のその巧みな結びつきには、なるほどなぁとうなることしきり。とりわけ、キバナアキギリ（→ p111）やヤブツルアズキ（→ p105）のしかけなど、一見の価値がある。知らないのは損だといってもよいくらいだ。季節もよし。ルーペと小さなスケッチブックをもって、秋の野を歩いてみよう。

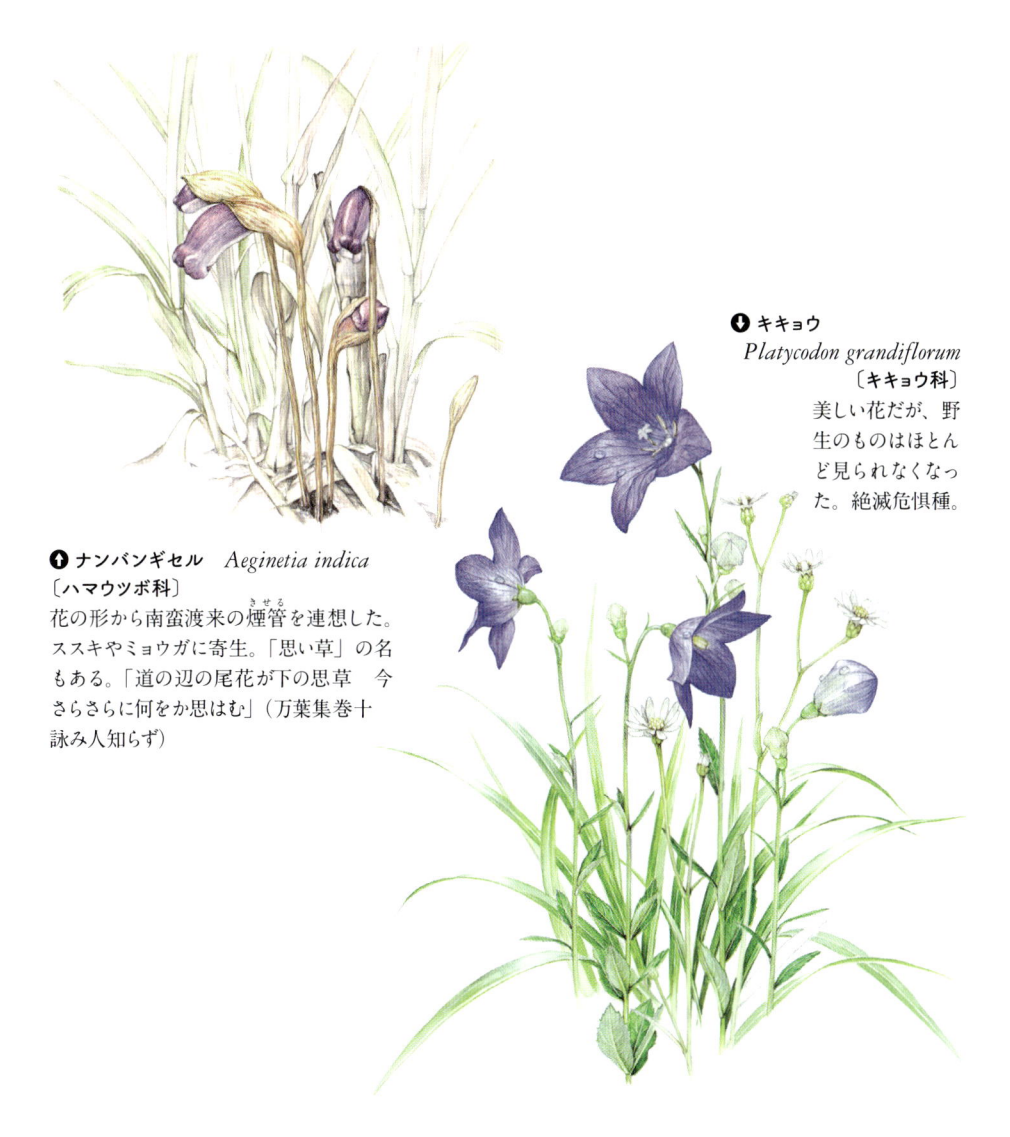

↑ ナンバンギセル *Aeginetia indica*
〔ハマウツボ科〕
花の形から南蛮渡来の煙管を連想した。ススキやミョウガに寄生。「思い草」の名もある。「道の辺の尾花が下の思草　今さらさらに何をか思はむ」（万葉集巻十　詠み人知らず）

↓ キキョウ
Platycodon grandiflorum
〔キキョウ科〕
美しい花だが、野生のものはほとんど見られなくなった。絶滅危惧種。

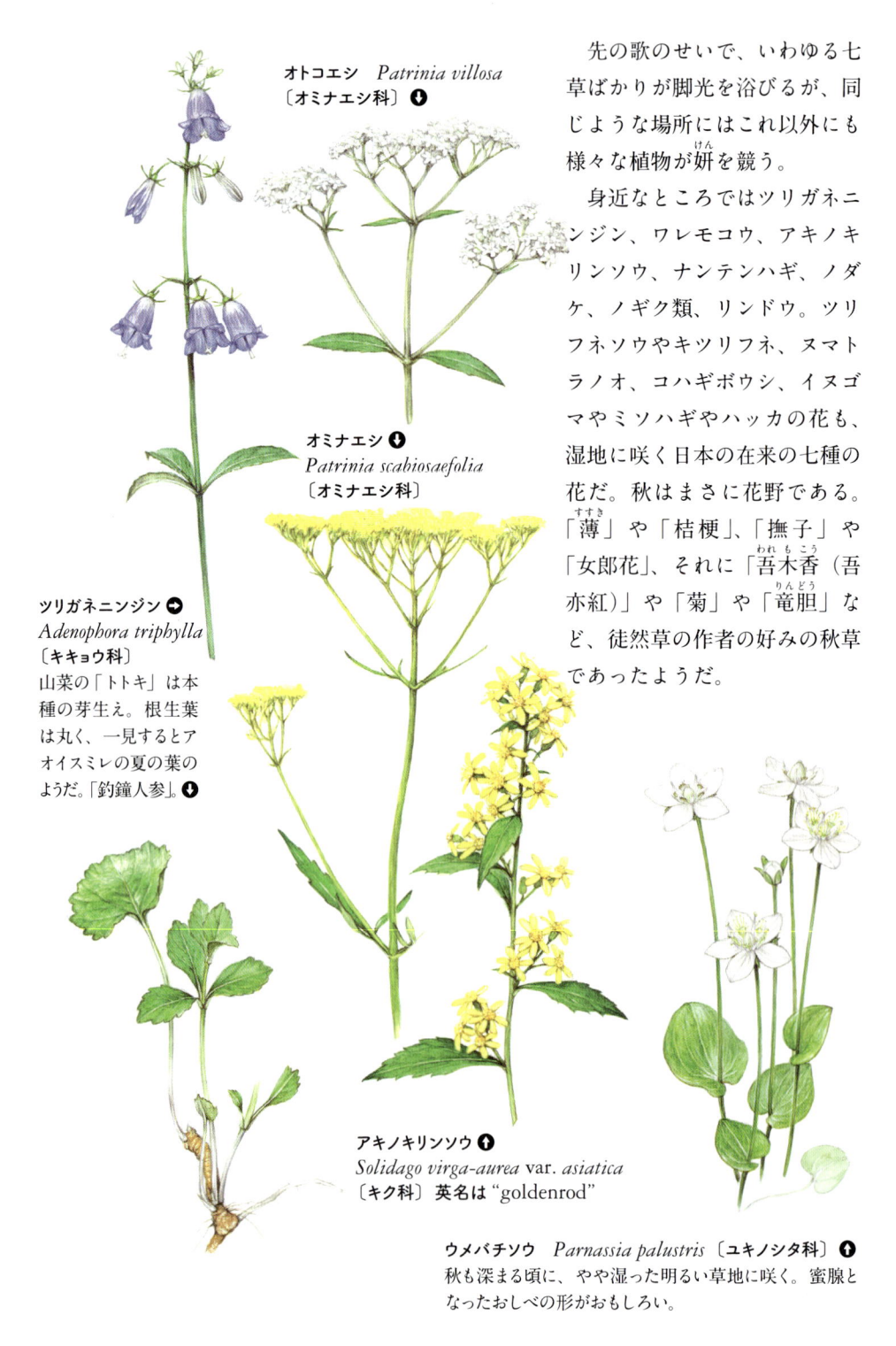

先の歌のせいで、いわゆる七草ばかりが脚光を浴びるが、同じような場所にはこれ以外にも様々な植物が妍(けん)を競う。

身近なところではツリガネニンジン、ワレモコウ、アキノキリンソウ、ナンテンハギ、ノダケ、ノギク類、リンドウ。ツリフネソウやキツリフネ、ヌマトラノオ、コハギボウシ、イヌゴマやミソハギやハッカの花も、湿地に咲く日本の在来の七種の花だ。秋はまさに花野である。「薄(すすき)」や「桔梗」、「撫子」や「女郎花」、それに「吾木香(吾亦紅)(われもこう)」や「菊」や「竜胆(りんどう)」など、徒然草の作者の好みの秋草であったようだ。

オトコエシ　*Patrinia villosa*
〔オミナエシ科〕↓

オミナエシ ↑
Patrinia scabiosaefolia
〔オミナエシ科〕

ツリガネニンジン →
Adenophora triphylla
〔キキョウ科〕
山菜の「トトキ」は本種の芽生え。根生葉は丸く、一見するとアオイスミレの夏の葉のようだ。「釣鐘人参」。↓

アキノキリンソウ ↑
Solidago virga-aurea var. *asiatica*
〔キク科〕英名は "goldenrod"

ウメバチソウ　*Parnassia palustris*〔ユキノシタ科〕↑
秋も深まる頃に、やや湿った明るい草地に咲く。蜜腺となったおしべの形がおもしろい。

⬅ **タチフウロ** *Geranium krameri*
〔フウロソウ科〕
明るい草原に生える、ゲンノショウコ（→ p76）の仲間。「立ち風露」。

⬅ **コシオガマ** *Phtheirospermum japonicum*
〔ゴマノハグサ科〕
明るい草地に生える半寄生の植物。全体に腺毛が密生し、さわるとねばねばする。

⬅ **ワレモコウ** *Sanguisorba officinalis*
〔バラ科〕
一般に「吾木香」と書くが、その語源については、花の形が昔、御簾にかけた布（「もこう」といった）にしるされた紋に似ているので「割れ木瓜」と。これは故前川文夫博士の説。

⬅ **ツルボ** *Scilla scilloides*
〔ユリ科〕
明るい草原に群れて咲く。

人間が住みはじめるよりも遥かな昔から、日本列島に棲みついていた野生の植物。春には春の、秋には秋の野の花々が彩る風景が日本の文化を育んできた。

「…この外の世に稀なるもの、唐めきたる名の聞きにくく、花も見馴れぬなどいとなつかしからず。大方、何も珍しく、ありがたき物はよからぬ人のもて興ずるものなり。さようのものなくてありなん」

とは兼好法師の言である。

秋の野のマメの花

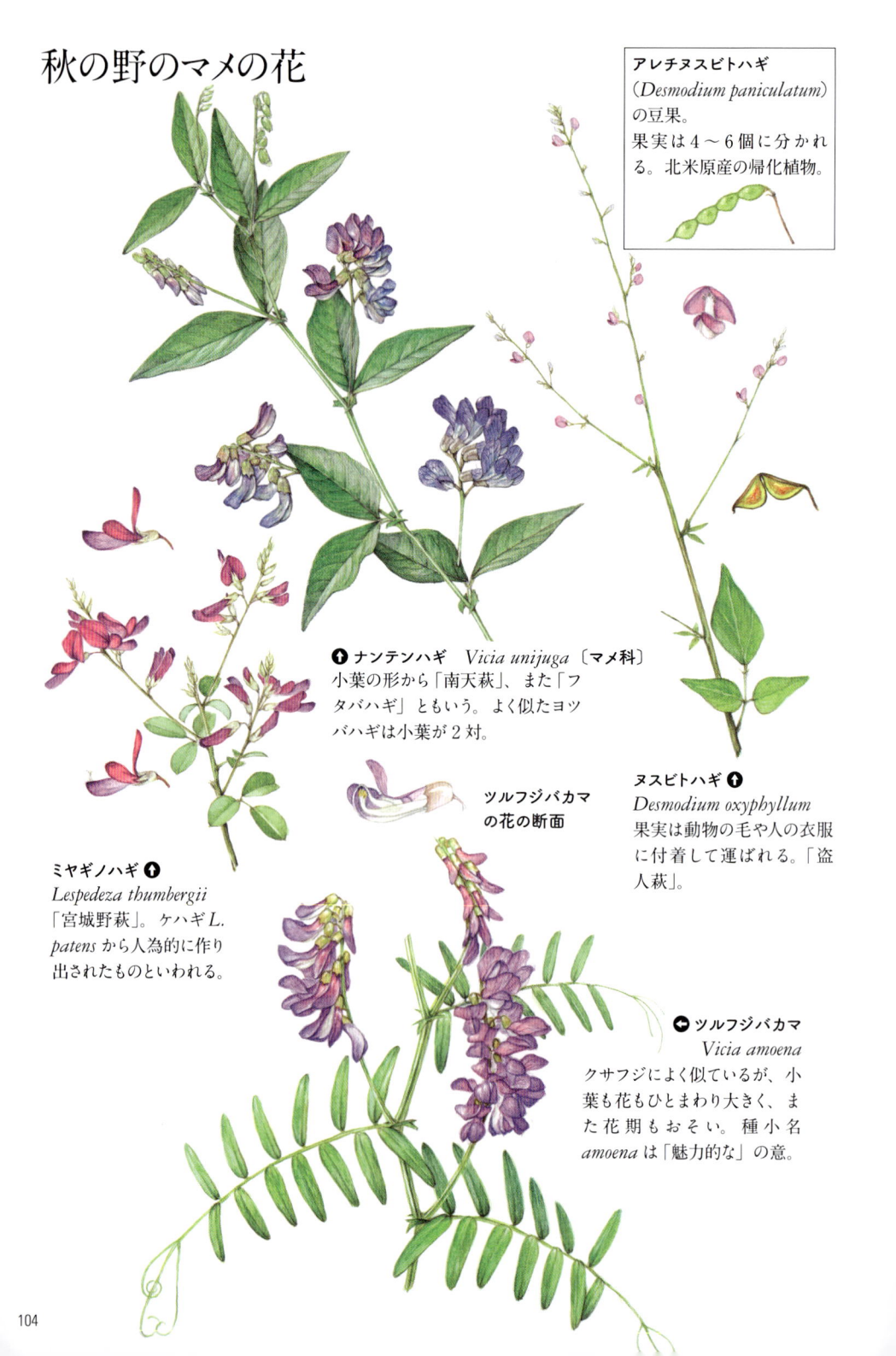

アレチヌスビトハギ
(*Desmodium paniculatum*)
の豆果。
果実は4〜6個に分かれる。北米原産の帰化植物。

⬆ **ナンテンハギ** *Vicia unijuga* 〔マメ科〕
小葉の形から「南天萩」、また「フタバハギ」ともいう。よく似たヨツバハギは小葉が2対。

ツルフジバカマ
の花の断面

ヌスビトハギ ⬆
Desmodium oxyphyllum
果実は動物の毛や人の衣服に付着して運ばれる。「盗人萩」。

ミヤギノハギ ⬆
Lespedeza thumbergii
「宮城野萩」。ケハギ *L. patens* から人為的に作り出されたものといわれる。

⬅ **ツルフジバカマ**
Vicia amoena
クサフジによく似ているが、小葉も花もひとまわり大きく、また花期もおそい。種小名 *amoena* は「魅力的な」の意。

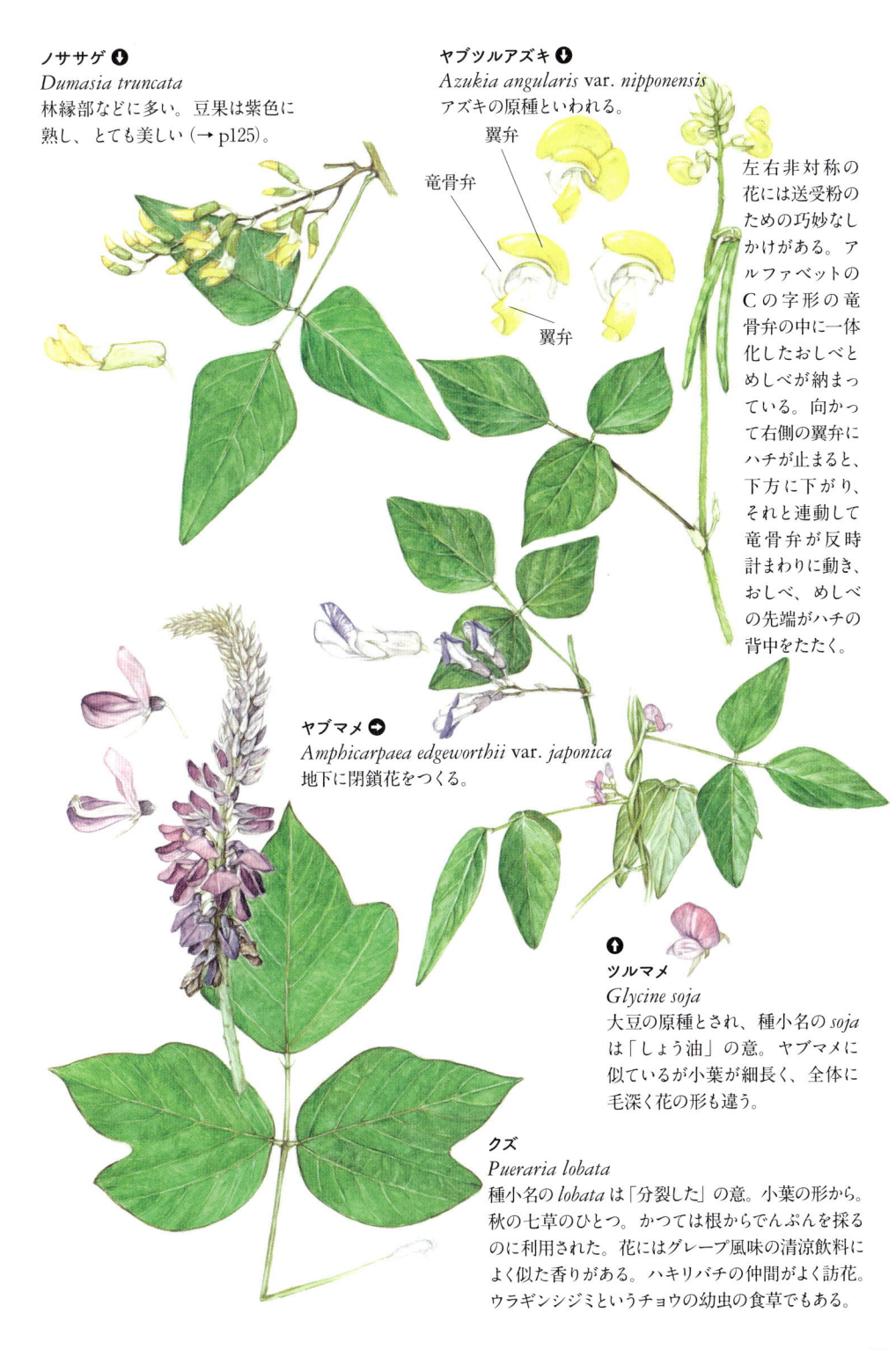

ノササゲ
Dumasia truncata
林縁部などに多い。豆果は紫色に熟し、とても美しい（→ p125）。

ヤブツルアズキ
Azukia angularis var. *nipponensis*
アズキの原種といわれる。

翼弁
竜骨弁
翼弁

左右非対称の花には送受粉のための巧妙なしかけがある。アルファベットのCの字形の竜骨弁の中に一体化したおしべとめしべが納まっている。向かって右側の翼弁にハチが止まると、下方に下がり、それと連動して竜骨弁が反時計まわりに動き、おしべ、めしべの先端がハチの背中をたたく。

ヤブマメ
Amphicarpaea edgeworthii var. *japonica*
地下に閉鎖花をつくる。

ツルマメ
Glycine soja
大豆の原種とされ、種小名の *soja* は「しょう油」の意。ヤブマメに似ているが小葉が細長く、全体に毛深く花の形も違う。

クズ
Pueraria lobata
種小名の *lobata* は「分裂した」の意。小葉の形から。秋の七草のひとつ。かつては根からでんぷんを採るのに利用された。花にはグレープ風味の清涼飲料によく似た香りがある。ハキリバチの仲間がよく訪花。ウラギンシジミというチョウの幼虫の食草でもある。

アザミの仲間の花には、たくさんの昆虫がやってくる。アカタテハ、ヒメアカタテハ、キタテハ、ミドリヒョウモン、ウラギンヒョウモン、オオウラギンスジヒョウモン、クモガタヒョウモン、メスグロヒョウモン、ツマグロヒョウモン、キクキンウワバ、キクギンウワバ……昆虫を知らない人にとってはわけのわからぬ呪文のように聞こえるかもしれない。

⬅ **メスグロヒョウモン**
Damora sagana liane
オスは黄色地に黒い斑点のある豹紋柄。メスは黒字に白い模様。

⬆ **ノハラアザミ** *Cirsium tanakae*
〔キク科〕
夏から秋にかけて平地の草むらで一番普通に見かけるのがこのノハラアザミ。春に咲くノアザミ（→ p43）と異なり、総苞片の先が斜上するのが特徴。花の色はノアザミよりも少しくすんだ感じがする。「野原薊」。

トネアザミ　*Cirsium nipponicum* var. *incomptum*
〔キク科〕
「利根薊」。葉腋から出る長い柄の先に花が咲く。総苞片が大きくそり返るのも特徴。山道に多い。➡

🔼 **タムラソウ**
Serrata coronata var. *insularis*
アザミの仲間と違って、葉には刺がない。いわくありげな名前だが、語源はよくわからない。

🔼 **アズマヤマアザミ**
Cirsium microspicatumi
〔キク科〕
山道でよく見かけるアザミ。小ぶりの花が葉腋に密着して咲く。筒状花の各裂片がほぼ水平に開き、互いに重なりあうので網目状に見える。総苞片は密着し、そり返らない。「東山薊」。

> **ものしりコラム＊アザミの仲間**
> アザミの仲間も種類が多く、見分けるのがやっかいなグループ。総苞片のそり返り方や、花のつき方、上を向いて咲くか、うつむくか等が手がかりになる。生える場所も、陽あたりのよい土堤であったり、湿地であったり、林縁部であったり、種類によって少しずつ異なる。

キセルアザミ
Cirsium sieboldii
〔キク科〕
湿地に生える。直立する茎の先に大きな花をうつむき加減に咲かせる。スッキリした印象の美しいアザミだと思う。「煙管薊」。

秋分　9月下旬

　暑さ寒さも彼岸までという。5月の連休頃に田植えをされた水田では、ちょうど稲刈りのシーズンだ。それがすむと、田園風景はずいぶん変わって見える。秋の野の花は、まだまだ咲き続けてはいるが、ひと頃よりはずいぶんにぎやかさがなくなってきたと感じる。田んぼの畦にはタデの仲間が、土堤の草むらにヒガンバナやアキノノゲシやノハラアザミが咲いて、秋の祝日を彩る。休耕田を転用したコスモス畑でピンクや白や赤の花が見物に来る人の目を楽しませるのもこの時期だろう。ヒガンバナといい、シュウカイドウといい、あるいはシュウメイギクやコスモスといい、外来の植物が日本の秋を彩るようになった。それがよいことなのかどうなのか……。

ものしりコラム＊帰化植物

本来の自生地から、人間の活動にともなって遠隔地に運ばれ、定着した植物。渡来した時期に関して、文献の記録などから推定できるものがある一方、古い時代にもたらされたものでは、渡来時期が明らかではなく、史前帰化植物といわれる。
動物、植物を問わず、外来生物の定着は、在来の生物への影響が大きく、深刻な問題をひきおこす可能性もある。

雄花
雌花
珠芽

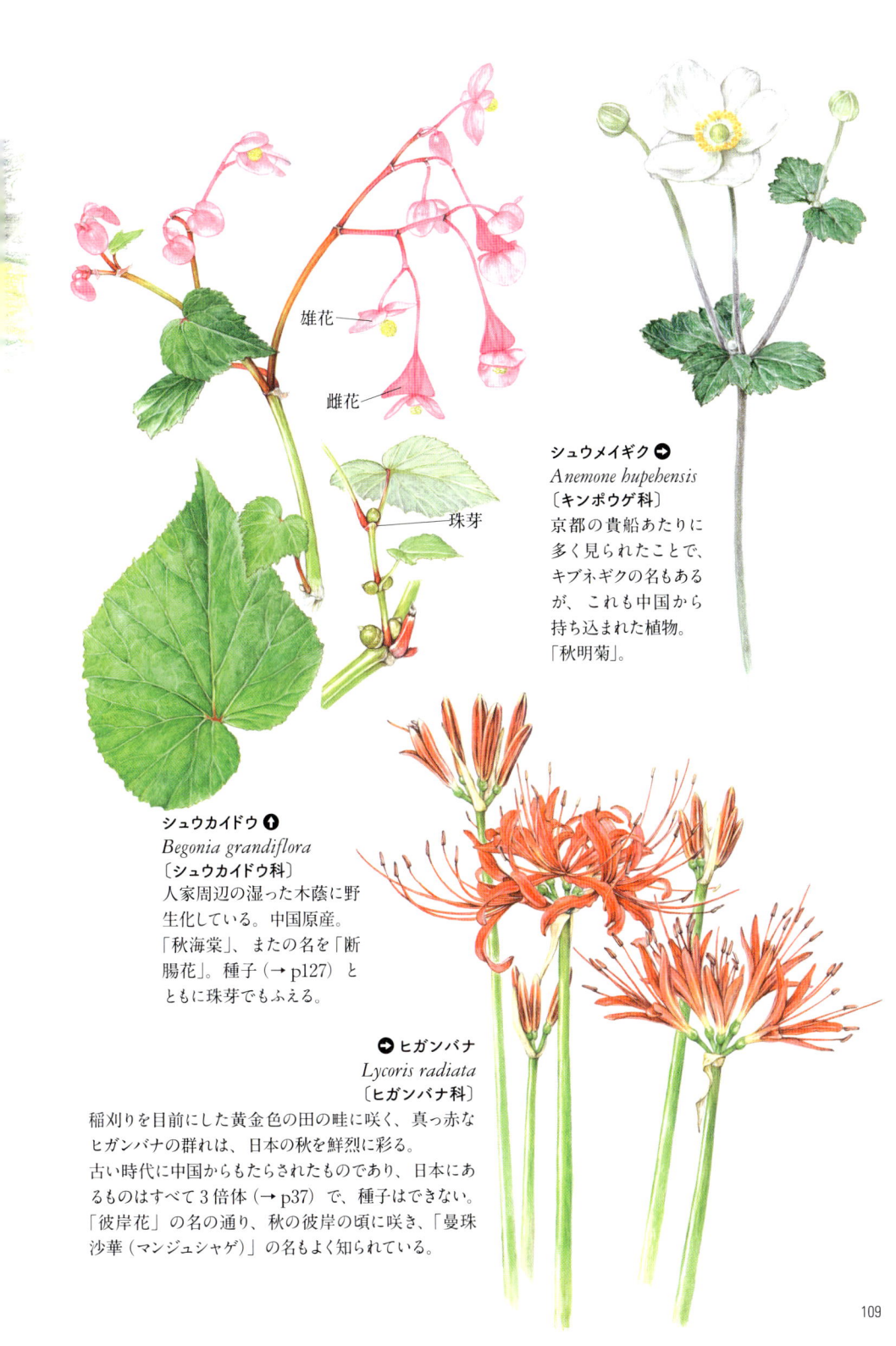

シュウメイギク ➡
Anemone hupehensis
〔キンポウゲ科〕
京都の貴船あたりに多く見られたことで、キブネギクの名もあるが、これも中国から持ち込まれた植物。「秋明菊」。

シュウカイドウ ⬆
Begonia grandiflora
〔シュウカイドウ科〕
人家周辺の湿った木蔭に野生化している。中国原産。「秋海棠」、またの名を「断腸花」。種子（→ p127）とともに珠芽でもふえる。

➡ ヒガンバナ
Lycoris radiata
〔ヒガンバナ科〕
稲刈りを目前にした黄金色の田の畦に咲く、真っ赤なヒガンバナの群れは、日本の秋を鮮烈に彩る。
古い時代に中国からもたらされたものであり、日本にあるものはすべて3倍体（→ p37）で、種子はできない。
「彼岸花」の名の通り、秋の彼岸の頃に咲き、「曼珠沙華（マンジュシャゲ）」の名もよく知られている。

毒と薬は紙一重　⚠️ 猛毒

ヤマトリカブト *Aconitum japonicum* 〔キンポウゲ科〕
鮮やかな青紫色をした烏帽子状の萼片。その中にタツノオトシゴのような形の花弁の変形した蜜腺体が2本ある。あまねく知られた猛毒植物で、毒は全草にあり、誤食すると死に至る。英名のMonkshoodは、花の形をカトリックの教皇や司教の帽子に見たてたものだろう。漢方では根を烏頭とか附子といい、薬用にする。

⇦ サラシナショウマ ⇨
Cimicifuga simplex
〔キンポウゲ科〕
白いブラシ状の花序は緑の森の縁でよく目立つ。

クサボタン ⇨
Clematis staus
〔キンポウゲ科〕
ハンショウヅルの仲間だが、つる性ではなく直立する。淡い青紫色の花は独特の雰囲気がある。開花すると花弁はそり返る。雌雄異株。

ツルニンジン ⇨
Codonopsisu lanceolata
〔キキョウ科〕
風船のような花が印象的だ。別名の「ジイソブ」は花冠の斑点をそばかすに見たてたもの。よく似た種に「バアソブ」がある。ジイソブの種子は翼がある点でバアソブとは異なる。

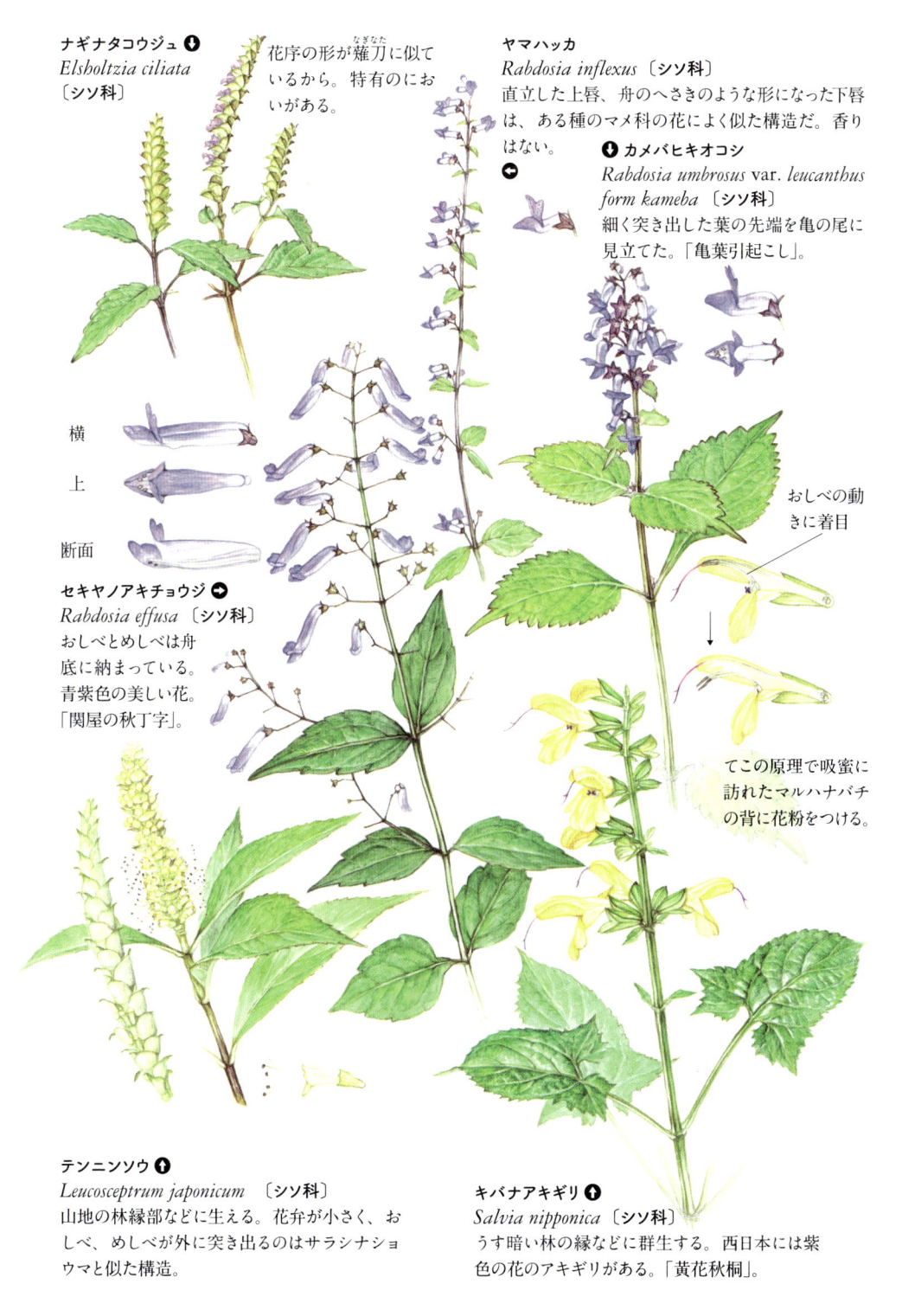

ナギナタコウジュ ⬇
Elsholtzia ciliata
〔シソ科〕

花序の形が薙刀(なぎなた)に似ているから。特有のにおいがある。

ヤマハッカ
Rabdosia inflexus 〔シソ科〕
直立した上唇、舟のへさきのような形になった下唇は、ある種のマメ科の花によく似た構造だ。香りはない。

⬅ **カメバヒキオコシ** ⬇
Rabdosia umbrosus var. *leucanthus* form *kameba* 〔シソ科〕
細く突き出した葉の先端を亀の尾に見立てた。「亀葉引起こし」。

横
上
断面

セキヤノアキチョウジ ➡
Rabdosia effusa 〔シソ科〕
おしべとめしべは舟底に納まっている。青紫色の美しい花。「関屋の秋丁字」。

おしべの動きに着目

てこの原理で吸蜜に訪れたマルハナバチの背に花粉をつける。

テンニンソウ ⬆
Leucosceptrum japonicum 〔シソ科〕
山地の林縁部などに生える。花弁が小さく、おしべ、めしべが外に突き出るのはサラシナショウマと似た構造。

キバナアキギリ ⬆
Salvia nipponica 〔シソ科〕
うす暗い林の縁などに群生する。西日本には紫色の花のアキギリがある。「黄花秋桐」。

寒露 かんろ　10月上旬

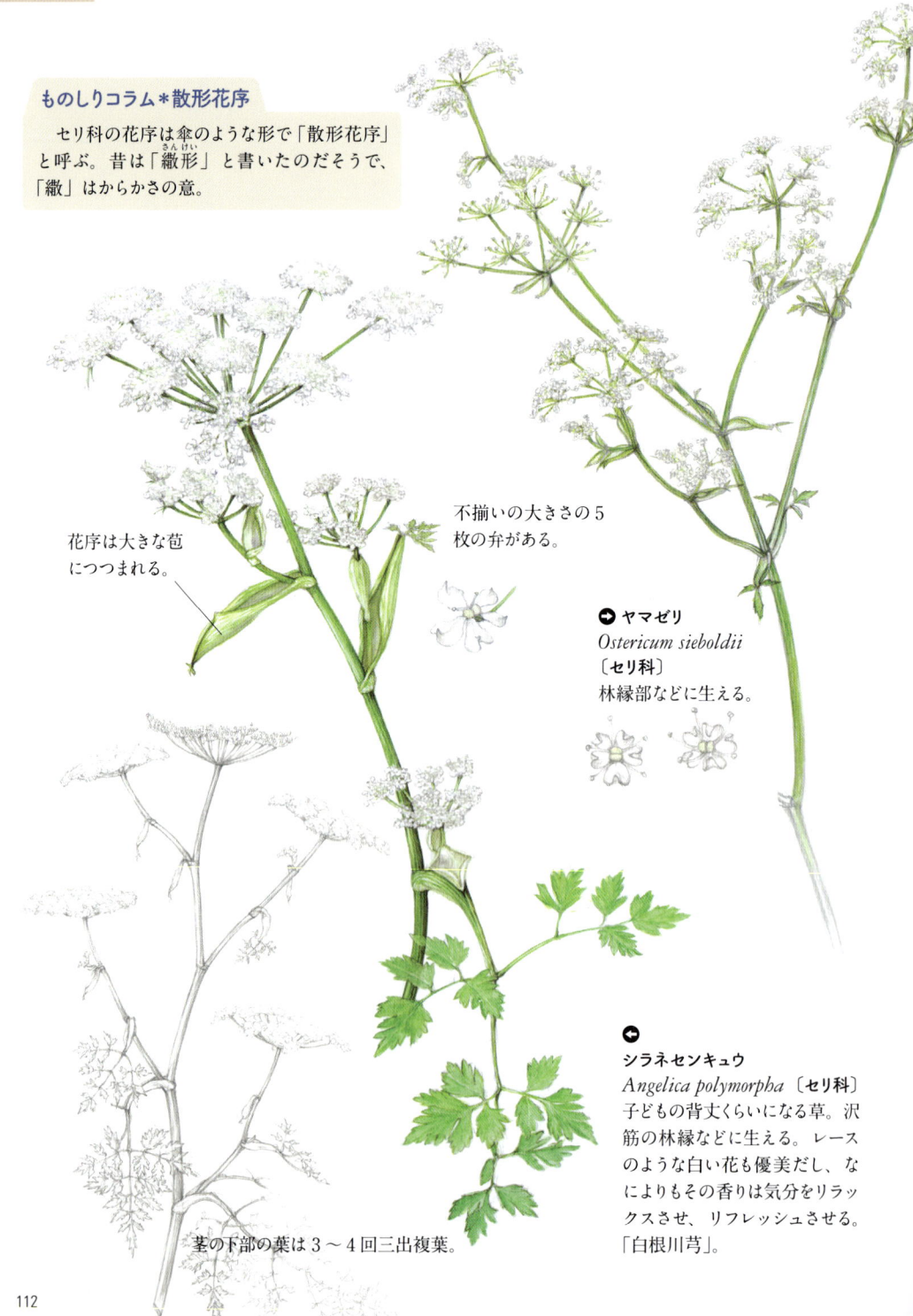

> **ものしりコラム＊散形花序**
> セリ科の花序は傘のような形で「散形花序」と呼ぶ。昔は「繖形」と書いたのだそうで、「繖」はからかさの意。

花序は大きな苞につつまれる。

不揃いの大きさの5枚の弁がある。

⇨ ヤマゼリ
Ostericum sieboldii
〔セリ科〕
林縁部などに生える。

⇦ シラネセンキュウ
Angelica polymorpha　〔セリ科〕
子どもの背丈くらいになる草。沢筋の林縁などに生える。レースのような白い花も優美だし、なによりもその香りは気分をリラックスさせ、リフレッシュさせる。「白根川芎」。

茎の下部の葉は3〜4回三出複葉。

身のまわりの風物のふとした変化に、秋も深まってきたなあと感じる季節だ。市街地であれば、さしずめそれはキンモクセイの花の香りだろうか。日本にあるのはすべて雄株なのだそうで、したがって結実することはないが、白い花のギンモクセイはしばしば実をつける。ともあれ、キンモクセイのややオレンジがかった黄色い花と、芳香とは季節のよいしるしになる。紅葉シーズンには、まだ少し早いが、この季節の山道の散歩はなかなか楽しいものだ。

　時はすでに10月。山の空気はすっかりひんやりしてきている。おなじみのノコンギクやシロヨメナやツリフネソウもあるし、カメバヒキオコシやセキヤノアキチョウジの青紫色の花を見つけるかもしれない。

　いや、それよりもなによりも、この澄んだ冷涼な空気の中で味わう、シラネセンキュウやヤマゼリの清々しい香りのこころよさ。わざわざそのために出かけて行ってもけっして悔いはしないだろうと思う。

　猫も杓子もみんながみんな紅葉の名所に殺到するというのは、あまりにつまらないし、もったいない話だ。

大きな苞から花序が
伸長してくる。

🟢 ノダケ
Angelica decursiva 〔セリ科〕
陽あたりのよい林縁や草むらに生える。花弁が暗紫色であることが特徴。葉は厚ぼったい。キアゲハの幼虫は好んでこれを食べる。海岸に生えるアシタバもこの仲間の植物。

ミノウスバ 🟢
Pryeria sinica 〔マダラガ科〕
翅の大部分が透明で、胸部は黒色、腹部は黄色い毛で覆われる。マサキの枝にびっしりと卵をうみつける。

秋のチョウ

　秋の野がにぎやかなのは、色とりどりの花が咲くためだけではない。そこにはそれに優るとも劣らぬ、色鮮やかなチョウたちがやってくるからだ。黄褐色の地に黒い豹紋柄をほどこしたヒョウモンチョウの仲間は、初夏に羽化したあと夏眠をして、秋になって再び姿をあらわす。皆よく似ているが、翅の裏のもようが少しずつ違い、たいがいはこれで見分けがつく。幼虫はスミレの仲間の葉を食べ、幼虫のままで越冬するものが多い。

　アカタテハやキタテハも、ノハラアザミなどの花によくやってくる。両種ともクヌギやコナラの樹液や、熟れた柿の実などにも来るが、ヒオドシチョウやルリタテハのように、花には見向きもせず、もっぱら樹液にばかりやってくるものもいる。これらは成虫で冬を越す。花にやってくるのはチョウばかりではない。シラヤマギクの花に翅を立ててとまり、蜜を吸っているイカリモンガなど、教えられなければ誰もガだとは思わない。ツリフネソウやホウセンカの花で、ホバリングしながら蜜を吸っている姿を見て、「ハチドリがあらわれた!?」とひと騒動をひきおこすのがホウジャクの仲間。昼間に活動するスズメガの仲間だ。薄暮の頃にノギクやアザミの花のまわりを活発に飛びまわるのはキンウワバの仲間のガ。飛んでいる時は見えないが、その名の通り、前翅には金銀の細工をほどこしたようなもようがあって、とてもおしゃれだ。

　カシの木など、常緑樹のまわりを白銀の翅を輝かせて越冬場所を探しているウラギンシジミ。花の蜜には関心がなく、熟れた柿の実などが好物だ。

1 　アカタテハ　*Vanessa indica*　〔タテハチョウ科〕
　　幼虫の食餌植物はアカソやカラムシ。
2 　ヒメアカタテハ　*Vanessa cardui*　〔タテハチョウ科〕
　　幼虫はヨモギやゴボウを食べる。
3 　キタテハ　*Polygonia c-aureum*　〔タテハチョウ科〕
　　幼虫はカナムグラを食べる。
4 　オオウラギンスジヒョウモン　*Argyronome ruslana lysippe*　〔タテハチョウ科〕
5 　ミドリヒョウモン　*Argynnis paphia geisha*　〔タテハチョウ科〕
6 　ツマグロヒョウモン　*Argyreus hyperbius*　〔タテハチョウ科〕
　　雌の前翅の先端部（褄）が暗紫藍色をしているので、この名がある。ついひと昔前までは西日本の暖かい
　　地方のチョウだったが、ここ数年で北関東にも定着した。温暖化の影響といわれる。あらたに見かけるよう
　　になったものには多くの人が気がつくが、その一方で、いつの間にか姿を消してしまったものには、なかな
　　か気づかない。気づいた時には絶滅寸前、ということでは手遅れだ。
7 　キチョウ　*Eurema hecabe mandarina*　〔シロチョウ科〕
　　幼虫はハギやネムノキを食べる。夏にあらわれるものは翅端の黒色部が大きい。成虫越冬。
8 　ツマグロキチョウ　*Eurema laeta*　〔シロチョウ科〕
　　幼虫はカワラケツメイを食べる。夏にあらわれるものは翅端があまり尖らない。
9 　イチモンジセセリ　*Paruara guttata*　〔セセリチョウ科〕
　　イネの害虫として知られる。
10　イカリモンガ　*Pterodecta felderi*　〔イカリモンガ科〕
　　幼虫はシダの仲間のイノデを食べる。翅のもようが舟の錨の形に似ていることからこの名がついた。
11　キクキンウワバ　*Diachrysia intermixta*　〔ヤガ科〕
12　キクギンウワバ　*Autographa confusa*　〔ヤガ科〕
13　ギンモンシロウワバ　*Autographa purissima*　〔ヤガ科〕
14　ヒメクロホウジャク　*Macroglossum bombylans*　〔スズメガ科〕
　　幼虫はアカネやヘクソカズラを食べる。

タデの仲間

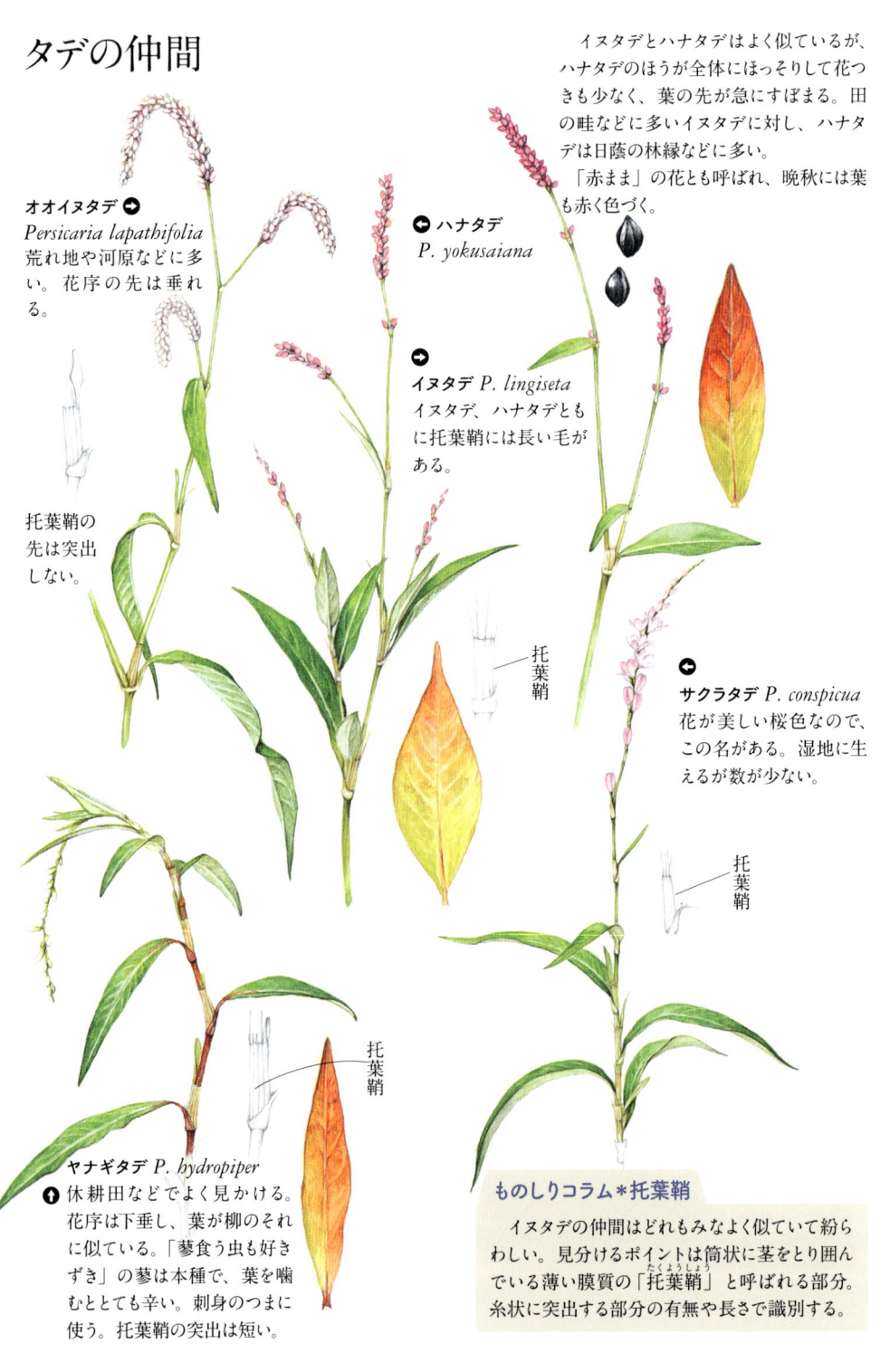

オオイヌタデ ➡
Persicaria lapathifolia
荒れ地や河原などに多い。花序の先は垂れる。

托葉鞘の先は突出しない。

⬅ **ハナタデ**
P. yokusaiana

➡
イヌタデ *P. lingiseta*
イヌタデ、ハナタデともに托葉鞘には長い毛がある。

イヌタデとハナタデはよく似ているが、ハナタデのほうが全体にほっそりして花つきも少なく、葉の先が急にすぼまる。田の畦などに多いイヌタデに対し、ハナタデは日陰の林縁などに多い。
「赤まま」の花とも呼ばれ、晩秋には葉も赤く色づく。

托葉鞘

⬅ **サクラタデ** *P. conspicua*
花が美しい桜色なので、この名がある。湿地に生えるが数が少ない。

托葉鞘

ヤナギタデ *P. hydropiper*
⬆ 休耕田などでよく見かける。花序は下垂し、葉が柳のそれに似ている。「蓼食う虫も好きずき」の蓼は本種で、葉を噛むととても辛い。刺身のつまに使う。托葉鞘の突出は短い。

托葉鞘

ものしりコラム＊托葉鞘

イヌタデの仲間はどれもみなよく似ていて紛らわしい。見分けるポイントは筒状に茎をとり囲んでいる薄い膜質の「托葉鞘（たくようしょう）」と呼ばれる部分。糸状に突出する部分の有無や長さで識別する。

◑ イシミカワ　*P. oerfikuata*
肥厚した花被が、黒い球形の果実を包みこんでいる。美しい空色の実を採ろうとすると鋭い刺で痛いめにあう。

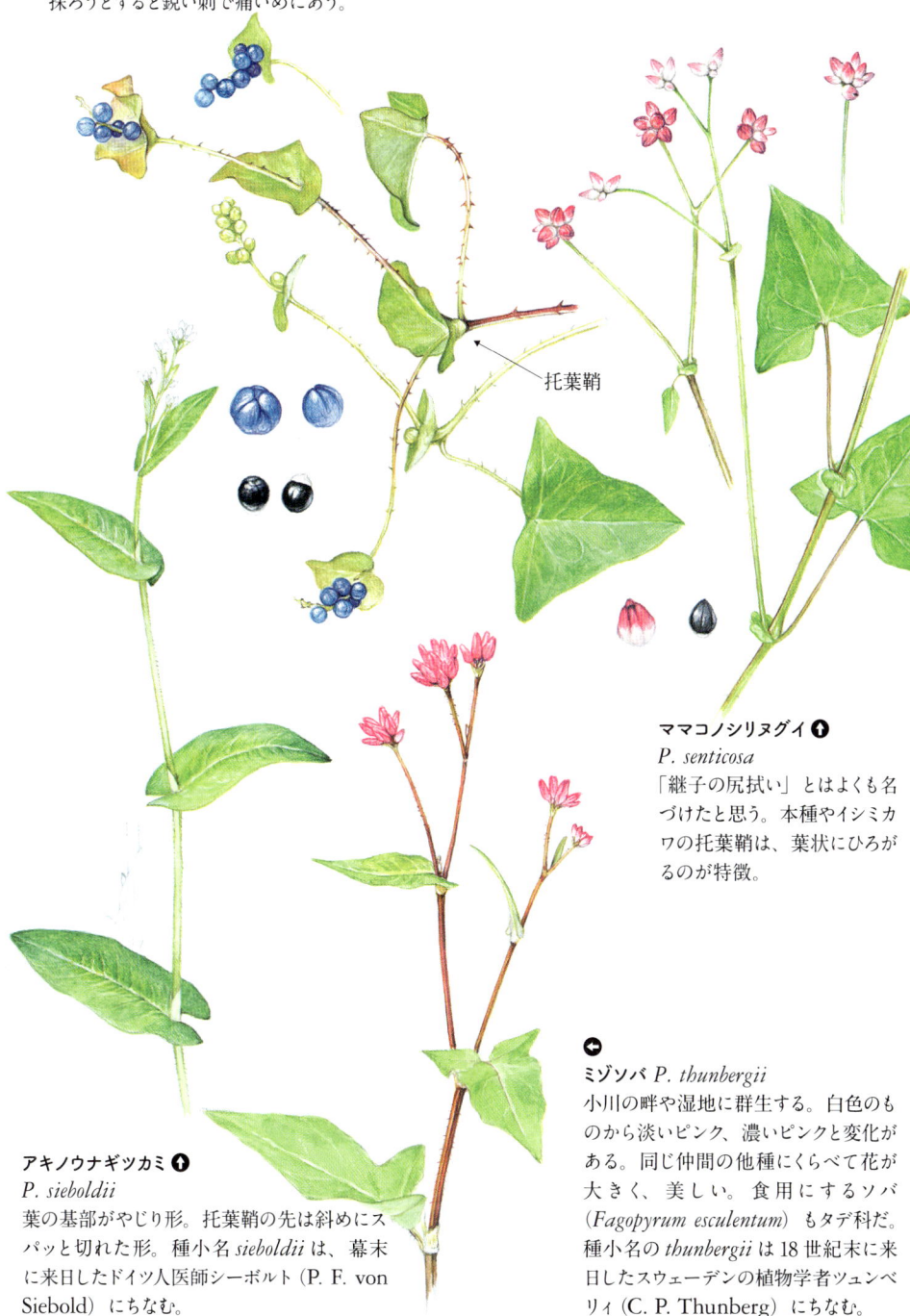

托葉鞘

ママコノシリヌグイ ◐
P. senticosa
「継子の尻拭い」とはよくも名づけたと思う。本種やイシミカワの托葉鞘は、葉状にひろがるのが特徴。

◐
ミゾソバ　*P. thunbergii*
小川の畔や湿地に群生する。白色のものから淡いピンク、濃いピンクと変化がある。同じ仲間の他種にくらべて花が大きく、美しい。食用にするソバ（*Fagopyrum esculentum*）もタデ科だ。種小名の *thunbergii* は18世紀末に来日したスウェーデンの植物学者ツュンベリィ（C. P. Thunberg）にちなむ。

アキノウナギツカミ ◐
P. sieboldii
葉の基部がやじり形。托葉鞘の先は斜めにスパッと切れた形。種小名 *sieboldii* は、幕末に来日したドイツ人医師シーボルト（P. F. von Siebold）にちなむ。

霜降〜立冬　10月下旬〜11月上旬
そうこう

センブリ *Swertia japonica*
〔リンドウ科〕
よく知られた健胃薬で千回振り出しても苦いという意味で「千振り」。明るい雑木林やマツ林などに生える。

リンドウ *Gentiana scabra* var. *buergeri*
〔リンドウ科〕
陽あたりのよい草むらや雑木林などに咲く。陽が照ると花をひらき、曇ると閉じる。「…こと花どものみな霜枯れたるに、いとはなやかなる色あひにてさし出たる、いとをかし」（『枕草子』）。根は「竜胆」の名で知られる健胃薬。

ヤマラッキョウ
Allium thunbergii
〔ユリ科〕
明るい湿地や土堤の草むらに咲く。草丈は 30 〜 60cm。その名の通りニラやラッキョウの仲間。

⬇ コウヤボウキ *Pertya scandens*
〔キク科〕
アカマツ林などに生える小低木。らせん状にねじれた5弁の筒状花が12個くらい、ひとまとまりになる。和名は、この枝で箒を作ったことによる。

⬅
キッコウハグマ
Ainsliaea apiculata
〔キク科〕
3個の小花からなるかわいらしい白い花が咲く。薄暗いヒノキ林の林床などに生える。「亀甲白熊」。「ハグマ（白熊）」は槍や兜の飾り。白い花をそれに見立てたものか。

　ノハラアザミやノコンギクはまだ咲き続けているとはいえ、そろそろ冬の使者があらわれる頃だ。
　10月も末近くになると、ジョウビタキが姿を見せる。スズメくらいの大きさの小鳥でオスは頭が灰色、顔は黒く、腹はオレンジ色。黒っぽい翼には白い紋があってよく目立つ。メスは全体に茶色っぽいが、やはり翼に白い紋がある。街中の家の庭先や公園でもよく見かける。尾をしきりに振りながら「ヒック、ヒック」と鳴く鳥だ。
　よく晴れた穏やかな日に、住宅地のマサキの生け垣のあたりを活発に飛びまわるのはミノウスバ（→ p113）というガだ。
　山際の、陽あたりのよい住宅に、毎年きまっておびただしい数のテントウムシやカメムシが集結し、住民を困らせるのもこの季節。ナミテントウやチャバネアオカメムシなど、集団で越冬するのでたいへんな騒ぎになる。チョウジタデを食べるカミナリハムシは土堤の草むらなどで越冬する。ある年、ざっと見ても数万匹はいるだろうという大集団を見たことがあった。野山にリンドウやセンブリやヤマラッキョウの花が咲くと、このシーズンの花暦も、そろそろ幕となる。

赤い実、黄色い実

1 **ウラシマソウ** *Arisaema thunbergii* 〔サトイモ科〕
マムシグサによく似ているが、果実は細長く、角張っている。

2 **マムシグサ** *Arisaema serratum* 〔サトイモ科〕
ウラシマソウにくらべて、朱色がかった赤。

3 **スズメウリ** *Melothria japonica* 〔ウリ科〕
熟すと白くなる。未熟な実はキュウリそっくりの味でおいしい。

4 **カラスウリ** *Trichosanthes cucumeroides* 〔ウリ科〕
未熟なうちは白と緑の縦縞。真っ赤に熟して日本の秋の野を彩る。別名の「たまずさ」は種子の形を結び文に見立てたものという。

5 **キカラスウリ** *Trichosanthes kirilowii* var. *japonica* 〔ウリ科〕
カラスウリよりもはるかに大きな黄色い果実がみのる。巻きひげの先で垂直な壁にも付着してよじ登っていく。種子は扁平。

6 **ヘクソカズラ** *Paederia scandens* 〔アカネ科〕
光沢のある黄褐色の実はきれいだが、いやなにおいがする。

7 **ヒヨドリジョウゴ** *Solanam lyratum* 〔ナス科〕
「鵯上戸」と書き、ヒヨドリが好むからといわれる。枝や葉に細かい毛が多い。次種ともども有毒とされるので食べてはいけない。

8 **ヤマホロシ** *S. japonense* 〔ナス科〕
茎は無毛。果実の柄の部分がふくらむ（矢印の部分）。林縁部に生える。

9 **ツルリンドウ** *Tripterospermum japonicum* 〔リンドウ科〕
赤紫色の果実が晩秋を彩る（→ p130）。

ヒヨドリジョウゴの花。夏に咲く花は小さいが、なかなかチャーミング。

青い実、黒い実

1. **アカネ**　*Rubia cordifolia*〔アカネ科〕
   山野にごく普通に見られる。根から染料をとる（→ p137）。名前は知っていても、案外、実物を知らない人が多い。
2. **アマチャヅル**　*Gynostemma pentaphyllum*〔ウリ科〕
   木蔭に多い。はちまきをしたような暗緑色の実がチャーミング。
3. **アメリカイヌホオズキ**　*Solanum americanum*〔ナス科〕
   昔からあるイヌホオズキよりも、最近はこちらのほうが多いようだ。
4. **ヨウシュヤマゴボウ**　*Phytolacca americana*〔ヤマゴボウ科〕
   中国原産のヤマゴボウは花序が上を向き、果実は8つの分果になる。ブドウのような液果はおいしそうだが食べられない。。
5. **アオツヅラフジ**　*Cocculus trilobus*〔ツヅラフジ科〕
   粉をふいた青黒い実はブドウの仲間に似ているが、有毒。アンモナイトのようなタネの形がおもしろい。このつるでつづらをを編んだことによる名前。
6. **チゴユリ**　*Disporum smilacinum*〔ユリ科〕
   果実もできるが、おもに地下茎でふえる（→ p34）。
7. **シオデ**　*Smilax riparia* var. *ussuriensis*〔サルトリイバラ科〕
   次種ともども、若芽を摘んで食用にするので山菜好きにはなじみの植物。黒熟した果実の中の、赤い種子が鮮烈。
8. **タチシオデ**　*S. nipponia*〔サルトリイバラ科〕
   シオデに似ているが、果実の表面は粉をふいた感じ。

⬇ ホオズキ *Physalis alkekengi*
〔ナス科〕

萼片が大きくなって果実を包み込む。

⬆ アメリカイヌホオズキ
Solanum americanum〔ナス科〕

マメのさや

ヤブマメやヤブツルアズキは熟したさやがねじれて種子をはじきとばす。クサネムは節ごとにばらけて落ちる。美しい赤や紫に色づいたトキリマメやノササゲは、さやが裂開しても種子はくっついたまま。目立って美しい色の対比は、それを食べにくる鳥への合図だろうが、食べにくるのは誰だろう。

1　ヤブマメ　*Amphicarpaea edgeworthii* var. *japonica*〔マメ科〕
　地下に閉鎖花をつけ、豆果が熟す（→ p105）。
2　ツルマメ　*Glycine soja*〔マメ科〕
　ヤブマメに似ているが、全体に黄褐色で毛が多い。ダイズの原種とされる（→ p105）。
3　ヤブツルアズキ　*Azukia angularis* var. *nipponensis*〔マメ科〕
　細長い果実が黒褐色に熟す。花の構造がおもしろい（→ p105）。
4　トキリマメ　*Rhynchosia acuminatifolia*〔マメ科〕
　真っ赤なさやが開き、黒光りする種子があらわれる。葉の先が細くとがるのが特徴。西日本に多い、よく似たタンキリマメは葉の先が細くならない。
5　ノササゲ　*Dumasia truncata*〔マメ科〕
　関東の平野部で見られるマメの仲間では、前種とならんでとびきり印象的な豆果。美しい紫色のさやが裂開すると一つ目小僧のような青黒い種子があらわれ、さやの内側の白と鮮やかな対比をなす。林縁部に多い（→ p105）。
6　コマツナギ　*Indigofera pseudo-tinctoria*〔マメ科〕
　（→ p73）
7　ナンテンハギ　*Vicia unijuga*〔マメ科〕
　（→ p104）
8　クズ　*Pueraria lobata*〔マメ科〕
　黄褐色の毛におおわれた豆果（→ p105）。
9　クサネム　*Aeschynomene indica*〔マメ科〕
　田の畦や川べりなど、湿ったところに生える。葉がネムノキのそれに似ている。次種カワラケツメイに、一見よく似ているが、果実が節ごとにばらけるのが特徴。
10　カワラケツメイ　*Chamaecrista nomame*〔ジャケツイバラ科〕
　薬用にするケツメイ（決明）と同じ仲間。葉や煎った種子を薬用茶として利用するという。

ものしりコラム＊和名と学名

　和名は、動植物に与えられた日本語の名前。人との関わりの多い生物には数々の地方名があって混乱しやすいので、一般に「標準和名」が採用されている。
　学名は、動物、植物および菌類について、それぞれ命名規約というものがあり、それに則って名づけられる学術上の名前。ラテン語もしくはラテン語化された他の言語によって記される。
　人間でいえば、家族の姓にあたる「属名」とその個々の構成員にあたる「種名（もしくは種小名）」との2名式で、ある特定の生物種の名前が表記される。属名は名詞、種小名（種名）は形容詞。種内の変異を「亜種（ssp. と表記）」あるいは「変種（var. と表記）」として区別することがあり、さらにその下に「型（formまたは f. と表記）」を設けることもある。読み方は、ほぼローマ字読みでよい。学名を見れば、クサフジとカラスノエンドウは同じ仲間であり、ハッカとヤマハッカは別の仲間だとわかる。

翼をもったタネ

風で散布される種子は微細だったり、扁平だったり、翼を備えていたり。効率よく散布されるためのしかけはさまざまだ。ツリガネニンジンやシュウカイドウのように袋状の果実の上部に穴があき、揺すられるたびに少しずつ種子がこぼれ落ちるのを見ると、なるほどなあと感心する。

1　ツリガネニンジン（→ p102）
2　ツルニンジン（→ p110）
3　オトコエシ（→ p102）
4　オミナエシ（→ p102）
5　ノダケ（→ p113）
6　ヤマゼリ（→ p112）
7　シラネセンキュウ（→ p112）
8　ウバユリ（→ p75）
9　サラシナショウマ（→ p110）
10　セキヤノアキチョウジ（→ p111）
11　タケニグサ（→ p78）
12　センブリ（→ p118）
13　リンドウ（→ p118）
14　カワラナデシコ（→ p100）
15　コバギボウシ（→ p89）
16　ヤマジノホトトギス（→ p84）
17　ツルボ（→ p103）
18　ヤマノイモ（→ p80）
19　オニドコロ
20　ヤマユリ（→ p74）
21　カラスノゴマ（→ p87）
22　チョウジソウ（→ p51）
23　ワレモコウ（→ p103）
24　イタドリ（→ p78）
25　ネナシカズラ（→ p81）
26　ヤマラッキョウ（→ p118）
27　シュウカイドウ（→ p109）

ヤマノイモ *Dioscorea japonica* とオニドコロ *D. tokoro* は、山野にごく普通に見られ、いずれも雌雄異株でよく似ている。
ヤマノイモの果実は下向き、オニドコロの果実は上向きにつき、翼のある種子の形も違う（前ページ参照）。
また、ヤマノイモの葉腋にはむかご（珠芽）ができるが、オニドコロにはない。ヤマノイモのむかごはご飯に炊き込んだりして食べられる。

ものしりコラム＊むかご（珠芽・無性芽）

　有性生殖によってできる種子とは異なり、植物体の一部が繁殖のための特別な器官になったもの。
　ノビルやカラスビシャク、シュウカイドウなど、さまざまな種類の植物に見られる。

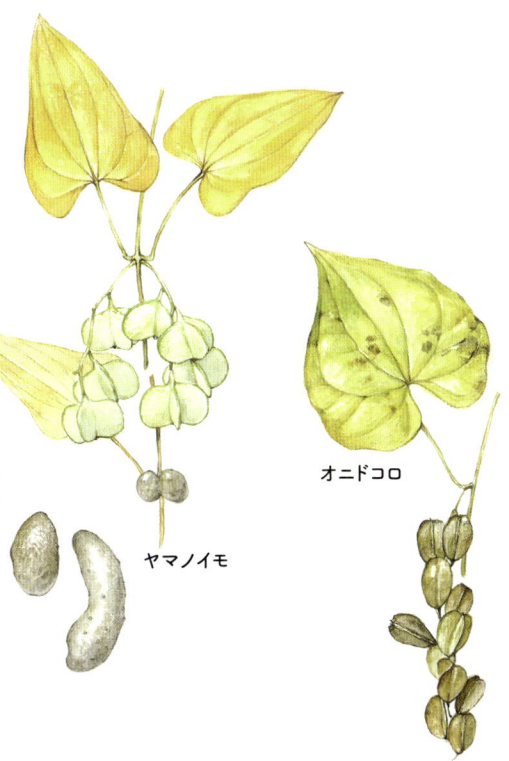

ヤマノイモ

オニドコロ

ふわふわの毛をもつタネ

アザミの仲間やアキノノゲシなどのキク科の植物、ガガイモやガマなど、冠毛（わた毛）を備えてふわふわと空中を漂うタネ。アザミの冠毛は果実に生じたもの、ガガイモの冠毛は種子に生じたもの。

1 ガガイモ（→ p81）	9 コウヤボウキ（→ p119）
2 コバノカモメヅル *Cynanchum sublanceolatum*〔ガガイモ科〕	10 ヤクシソウ（→ p96）
3 スズサイコ（→ p68）	11 ノコンギク（→ p99）
4 ボタンヅル（→ p81）	12 アキノキリンソウ（→ p102）
5 センニンソウ（→ p81）	13 アキノノゲシ（→ p99）
6 キセルアザミ（→ p107）	14 ガマ（→ p91）
7 ノハラアザミ（→ p106）	15 メリケンカルカヤ *Andropogon virginicus*〔イネ科〕
8 トネアザミ（→ p107）	

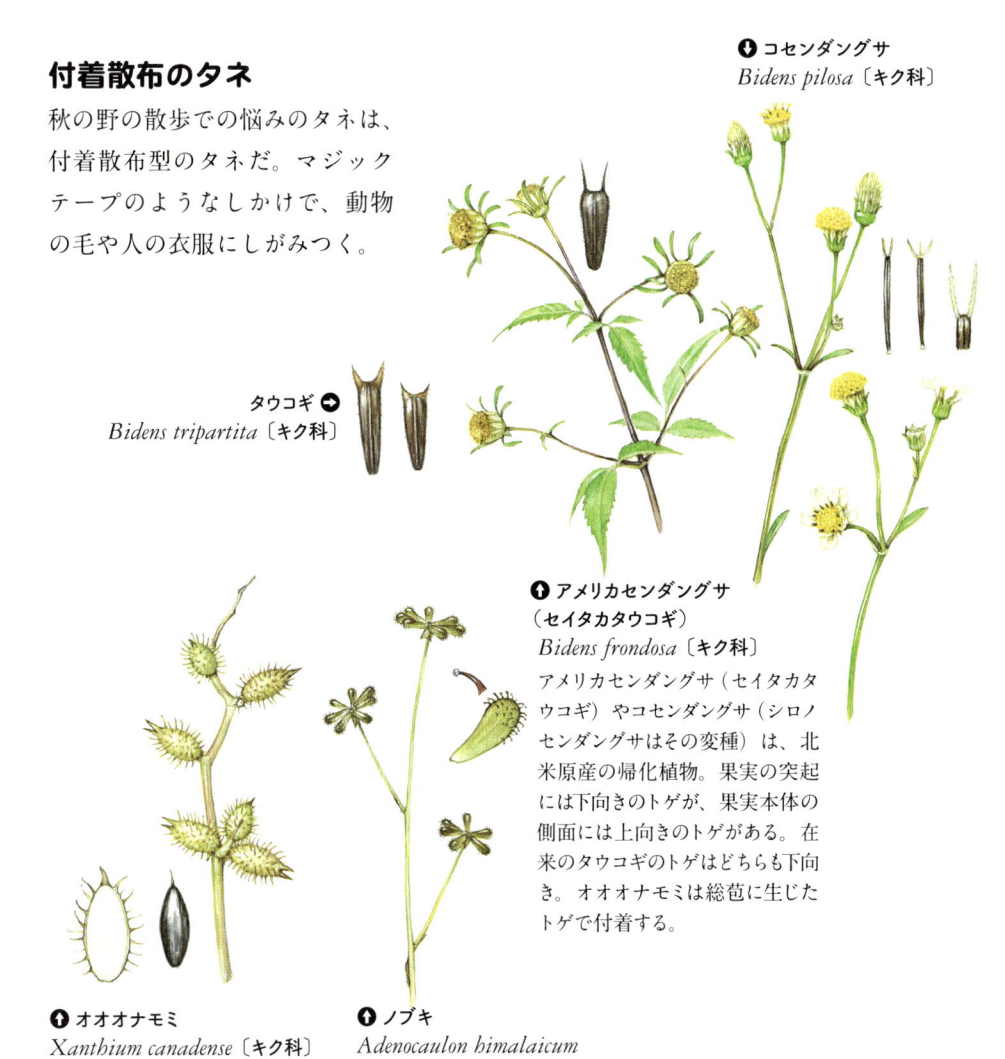

付着散布のタネ

秋の野の散歩での悩みのタネは、付着散布型のタネだ。マジックテープのようなしかけで、動物の毛や人の衣服にしがみつく。

⬇ コセンダングサ
Bidens pilosa〔キク科〕

タウコギ ➡
Bidens tripartita〔キク科〕

⬆ アメリカセンダングサ
（セイタカタウコギ）
Bidens frondosa〔キク科〕

アメリカセンダングサ（セイタカタウコギ）やコセンダングサ（シロノセンダングサはその変種）は、北米原産の帰化植物。果実の突起には下向きのトゲが、果実本体の側面には上向きのトゲがある。在来のタウコギのトゲはどちらも下向き。オオオナモミは総苞に生じたトゲで付着する。

⬆ オオオナモミ
Xanthium canadense〔キク科〕

⬆ ノブキ
Adenocaulon himalaicum〔キク科〕

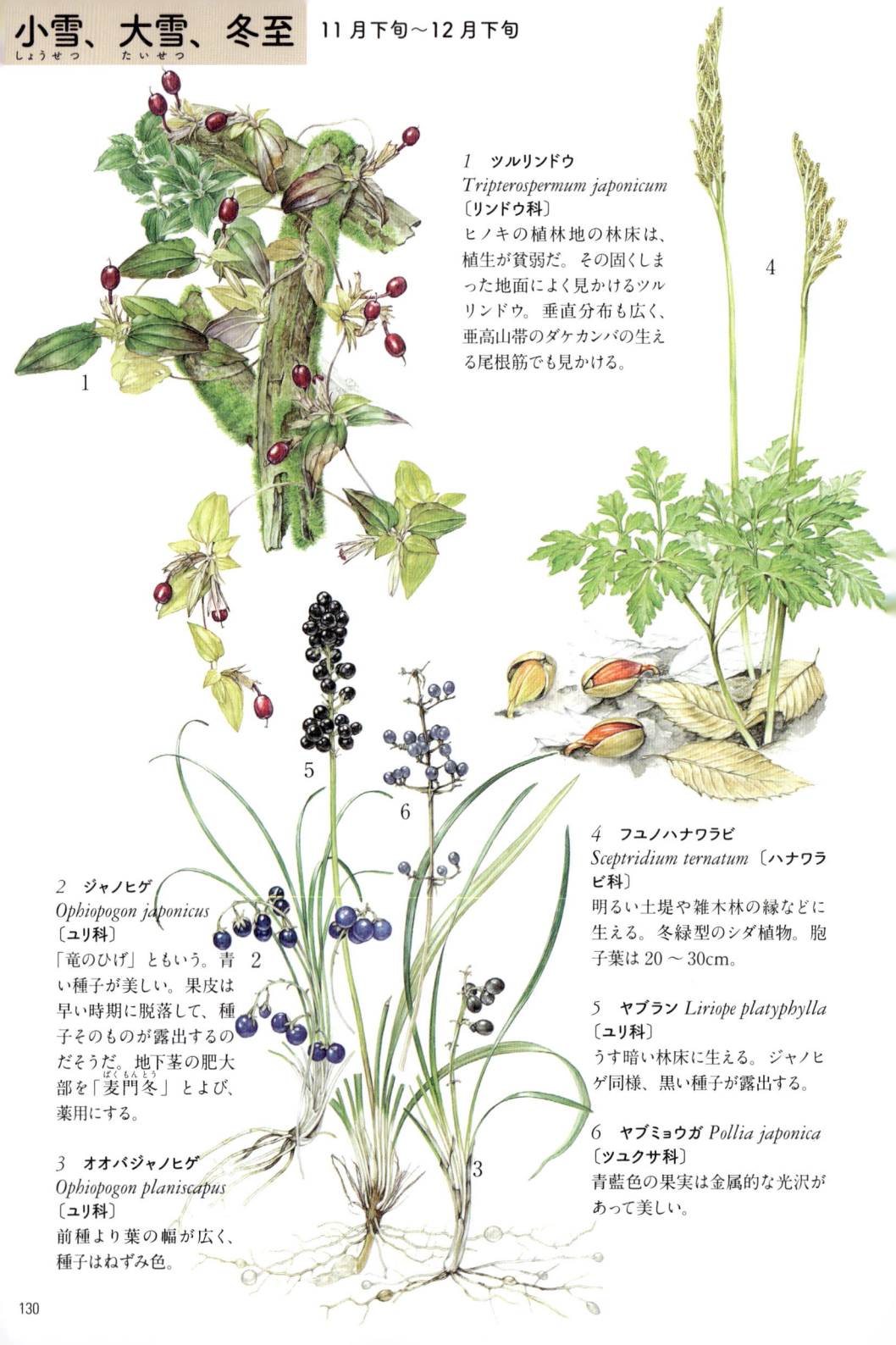

小雪、大雪、冬至　11月下旬〜12月下旬

1　ツルリンドウ
Tripterospermum japonicum
〔リンドウ科〕
ヒノキの植林地の林床は、植生が貧弱だ。その固くしまった地面によく見かけるツルリンドウ。垂直分布も広く、亜高山帯のダケカンバの生える尾根筋でも見かける。

2　ジャノヒゲ
Ophiopogon japonicus
〔ユリ科〕
「竜のひげ」ともいう。青い種子が美しい。果皮は早い時期に脱落して、種子そのものが露出するのだそうだ。地下茎の肥大部を「麦門冬」とよび、薬用にする。

3　オオバジャノヒゲ
Ophiopogon planiscapus
〔ユリ科〕
前種より葉の幅が広く、種子はねずみ色。

4　フユノハナワラビ
Sceptridium ternatum　〔ハナワラビ科〕
明るい土堤や雑木林の縁などに生える。冬緑型のシダ植物。胞子葉は20〜30cm。

5　ヤブラン Liriope platyphylla
〔ユリ科〕
うす暗い林床に生える。ジャノヒゲ同様、黒い種子が露出する。

6　ヤブミョウガ Pollia japonica
〔ツユクサ科〕
青藍色の果実は金属的な光沢があって美しい。

紅葉前線が街中におりてきて、街路樹の銀杏並木が色づく季節。庭先のヤツデなどを除けば、もうめぼしい花はない。初冬を彩るのはさまざまな草木の実。うす暗いヒノキ林になど、夏のあいだは足を踏み入れる気にもならないが、今の時期、そのようすを覗いてみると、おやおや、こんなものがあったのか！とびっくりするようなものを見つける。赤紫色の美しいツルリンドウの実だ。夏にリンドウに似た花が咲き、これはこれで趣があるが、ほとんど誰も気づくことはないだろう。

　農家の庭先に黄金色のユズが実る。もうすぐ冬至だ。

ユズ
Citrus junos 〔ミカン科〕

スダジイ
Castanopsis sieboldii
〔ブナ科〕
　渋みがなく、そのまま食べられる。

シラカシ
Quercus myrsinaefolia
〔ブナ科〕

アラカシ
Quercus glauca
〔ブナ科〕

初詣での植物観察

古い神社や寺には、たいがいその背後に照葉樹林やスギの木立がひかえているものだ。足元を見ながら歩くと、いろんな形のドングリが落ちていたり、鳥や獣が食べ散らかしたらしい草木のタネがころがっていたりする。赤く熟れたフユイチゴの実も見つかるかもしれない。

小寒～大寒 しょうかん だいかん 1月上旬〜1月下旬

冬越し① 田んぼの雑草

　厳寒期。一年中で一番、生きものの活動も乏しい季節といえるだろう。この時期、植物の冬越しの姿を探して歩くのもおもしろい。

　田んぼや畑の畦には、秋に発芽し、葉をひろげ、冬の光を有効に使って生きている、冬緑型の植物がたくさんある。春の七草として利用されるのはみんな、こういう性質の植物だ。地面の下でじっと春を待っている植物も多い。

　やがて暖かくなって、これらがどんなふうに姿を変えるのか、想像してみるのも楽しいものだ。

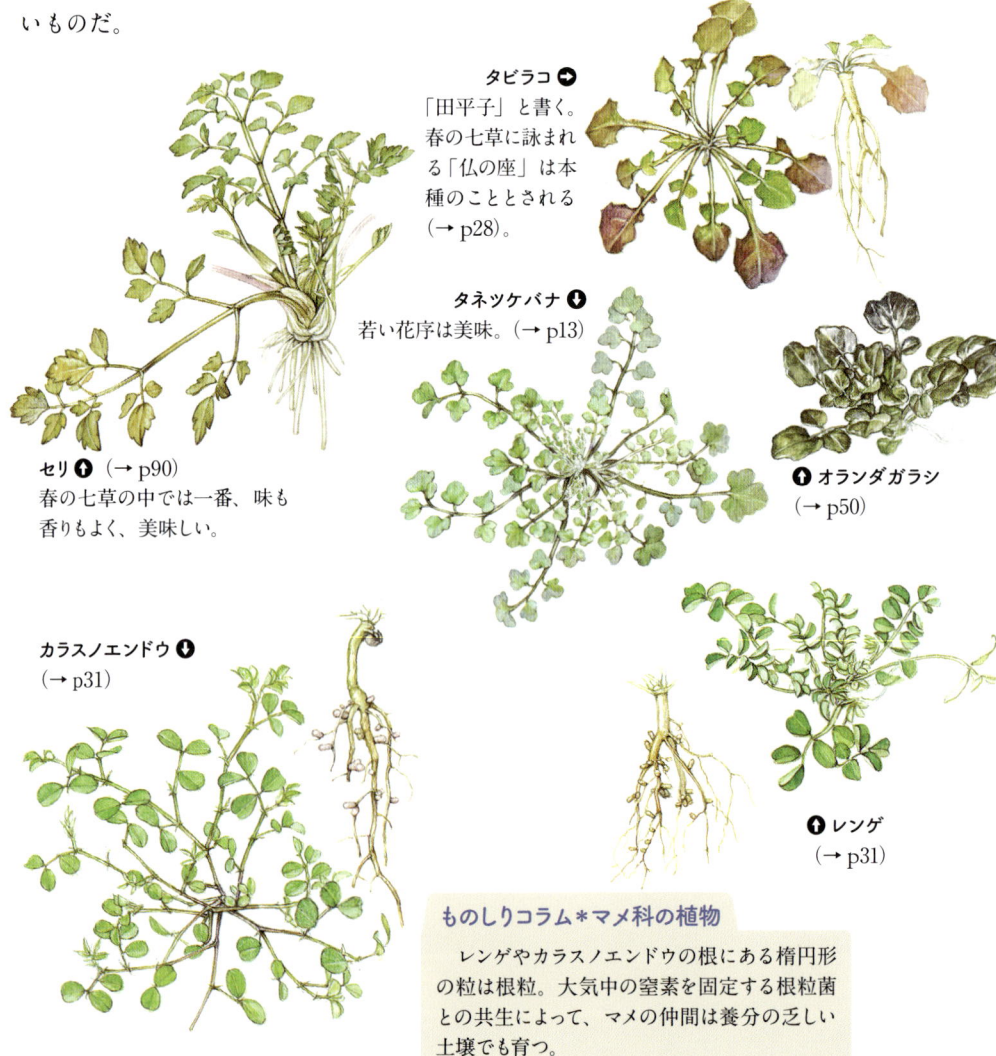

タビラコ →
「田平子」と書く。春の七草に詠まれる「仏の座」は本種のこととされる（→ p28）。

タネツケバナ ↓
若い花序は美味。（→ p13）

↑ オランダガラシ
（→ p50）

セリ ↑（→ p90）
春の七草の中では一番、味も香りもよく、美味しい。

カラスノエンドウ ↓
（→ p31）

↑ レンゲ
（→ p31）

ものしりコラム＊マメ科の植物

　レンゲやカラスノエンドウの根にある楕円形の粒は根粒。大気中の窒素を固定する根粒菌との共生によって、マメの仲間は養分の乏しい土壌でも育つ。

⬆ コモチマンネングサ
（→ p64）

スカシタゴボウ
「透し田牛蒡」と書く
（→ p32）。

オオジシバリ ➡
（→ p45）

⬇ ヘビイチゴ
（→ p33）。紅葉した葉
がきれいだ。

⬆ ケキツネノボタン（→ p51）。
これはキンポウゲの仲間で有毒。

トウダイグサ（→ p31）

⬆ オヘビイチゴ（→ p33）
小葉は5枚。名前が似ていて紛らわ
しいが、これはヘビイチゴではなくミ
ツバツチグリの仲間。

冬越し② 畑の雑草

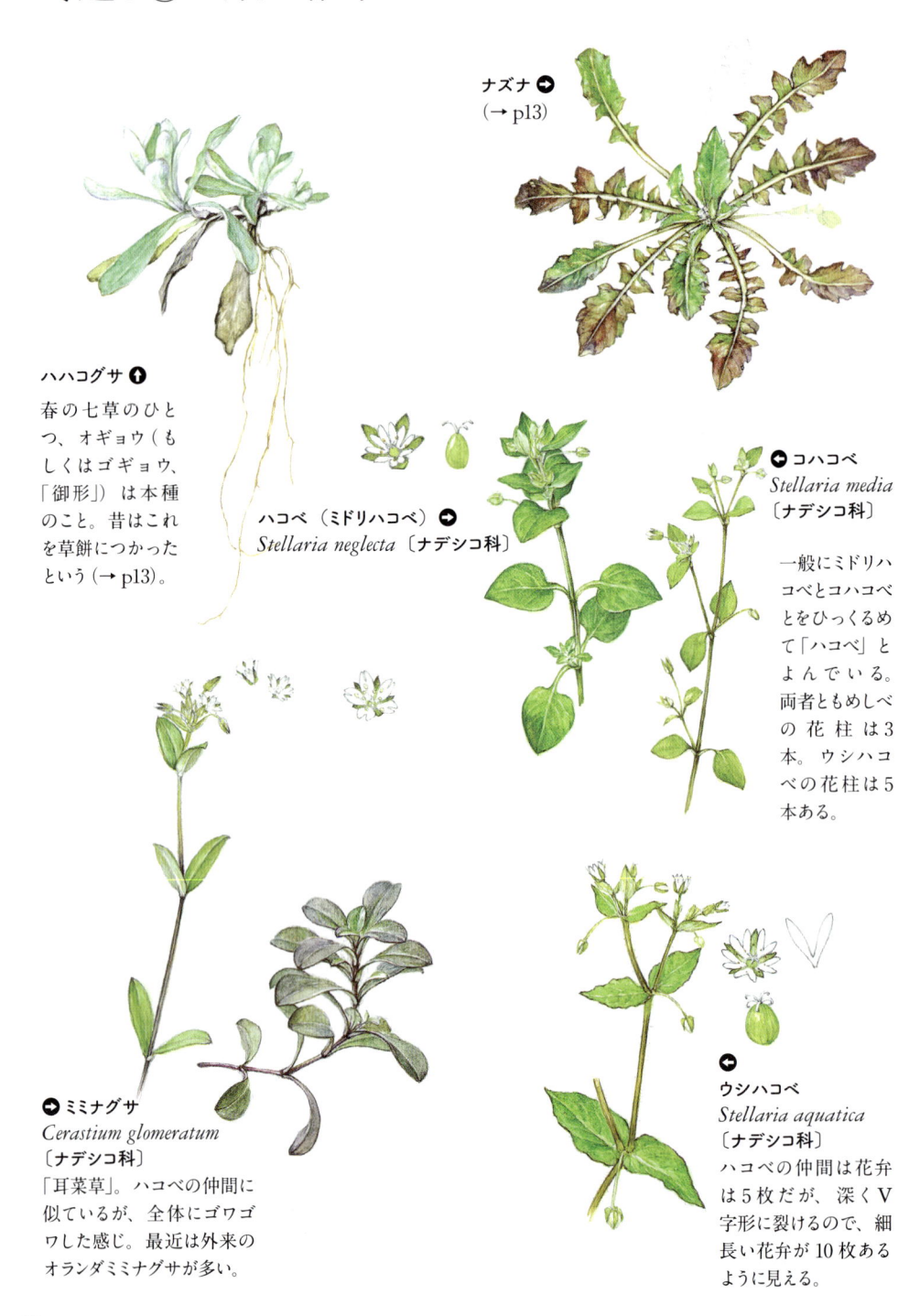

ナズナ →
(→ p13)

ハハコグサ ↑
春の七草のひとつ、オギョウ（もしくはゴギョウ、「御形」）は本種のこと。昔はこれを草餅につかったという（→ p13）。

ハコベ（ミドリハコベ）→
Stellaria neglecta 〔ナデシコ科〕

← コハコベ
Stellaria media
〔ナデシコ科〕

一般にミドリハコベとコハコベとをひっくるめて「ハコベ」とよんでいる。両者ともめしべの花柱は3本。ウシハコベの花柱は5本ある。

→ ミミナグサ
Cerastium glomeratum
〔ナデシコ科〕

「耳菜草」。ハコベの仲間に似ているが、全体にゴワゴワした感じ。最近は外来のオランダミミナグサが多い。

← ウシハコベ
Stellaria aquatica
〔ナデシコ科〕

ハコベの仲間は花弁は5枚だが、深くV字形に裂けるので、細長い花弁が10枚あるように見える。

⬅ オニタビラコ
（→ p45）

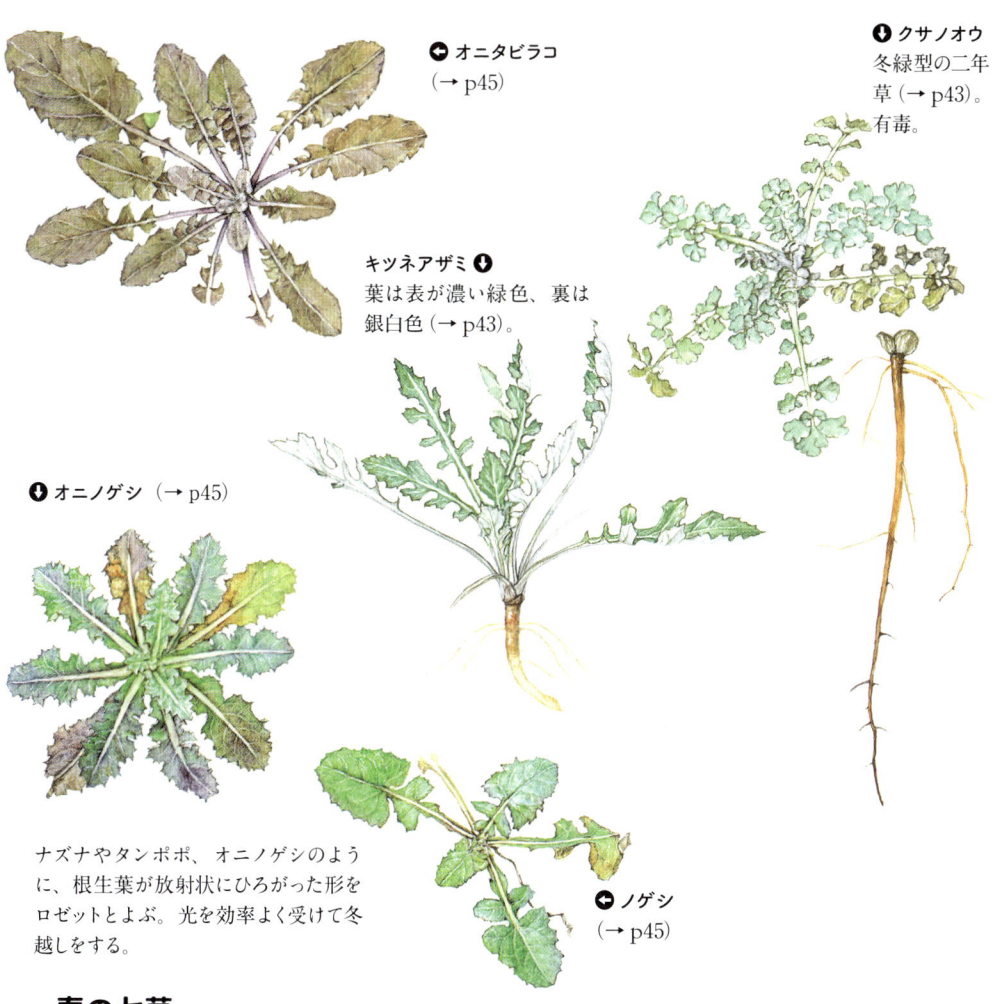

⬇ クサノオウ
冬緑型の二年草（→ p43）。有毒。

キツネアザミ ⬇
葉は表が濃い緑色、裏は銀白色（→ p43）。

⬇ オニノゲシ（→ p45）

ナズナやタンポポ、オニノゲシのように、根生葉が放射状にひろがった形をロゼットとよぶ。光を効率よく受けて冬越しをする。

⬅ ノゲシ
（→ p45）

春の七草

「芹、薺、御形、繁縷、仏の座、菘、清白、春の七草」。

　スズナ（蕪）とスズシロ（大根）をのぞけば、いずれも田や畑に生える冬緑型の雑草である。「御形」は今日のハハコグサ（→ p13）、「仏の座」はタビラコ（→ p28）のことといわれる。旧暦正月七日に祖母が「七草なずな、唐土の鳥が、日本の国に渡らぬうちに……」と囃しながら七草粥をつくっていたのを憶えている。

　近頃、パック入りの七草セットが店頭に並ぶ。ためしにひとつ買ってみたところ、案の定というべきか、めっきり少なくなったタビラコではなく、タネツケバナが入っていた。けれども、これはこれでよいと思う。むしろ、タネツケバナの若い花序など、アブラナ科特有の辛みもあっておいしい。「枕草子」には若菜摘みの話にミミナグサの名が登場する。現行の7種にこだわることなど、どこにもないのだ。

冬越し③　陽あたりのよい土堤の草むらなど

耕作地とは違った安定した環境には、多年生の草本が多い。

スイバ ➡
（→ p43）
深紅の葉がとても
美しい。

⬆ シナノタンポポ
（→ p9）

⬅ ノアザミ（→ p43）

⬆ メマツヨイグサ
（→ p83）

コウゾリナ ➡
（→ p45）

⬇ ヨモギ
（→ p8）

⬆ スズメノヤリ（→ p30）

ミツバツチグリ ⬇
（→ p33）

カワラヨモギ ➡
（→ p70）

◐ **ワレモコウ**
（→ p103）

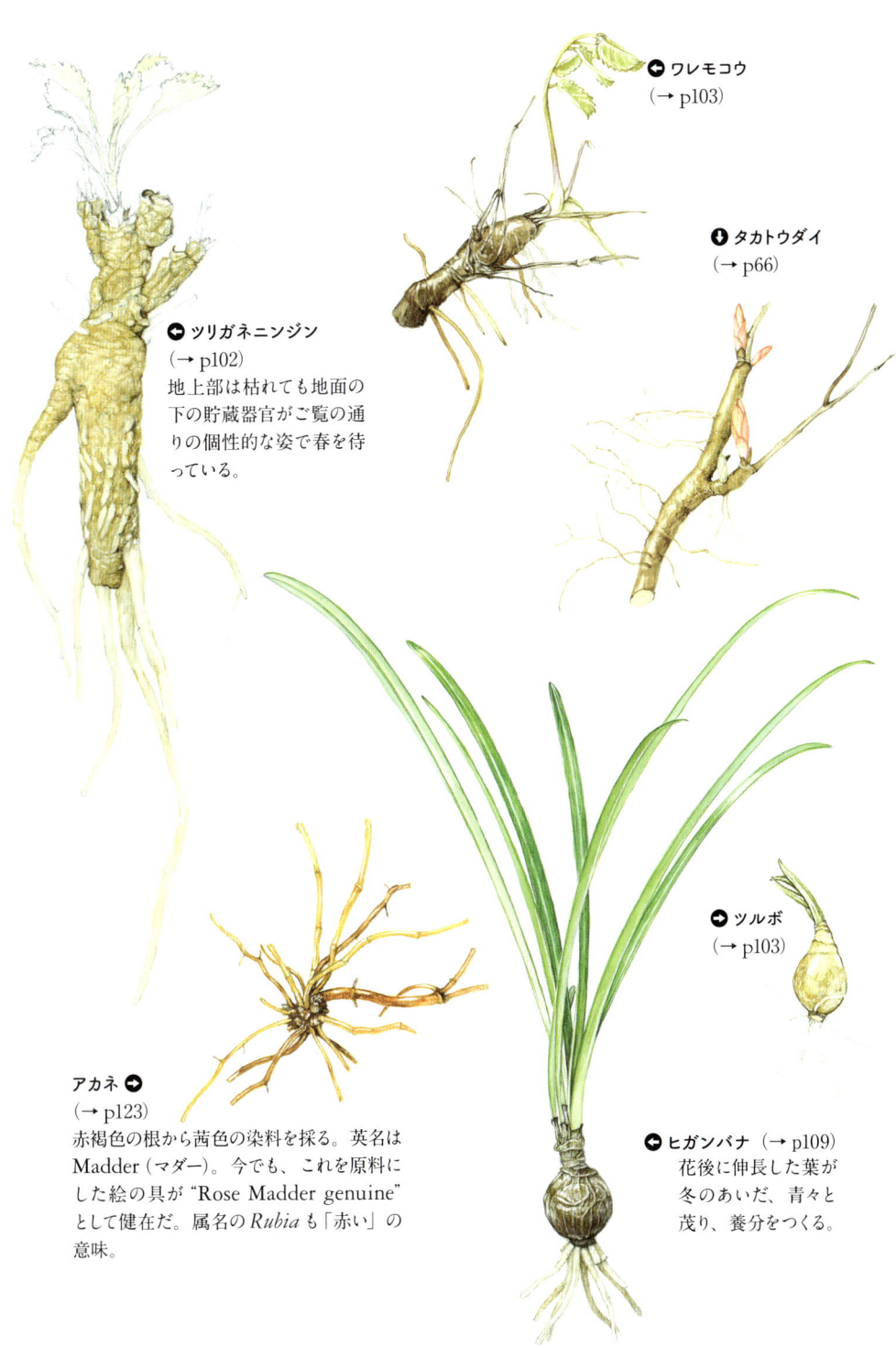

↓ **タカトウダイ**
（→ p66）

◐ **ツリガネニンジン**
（→ p102）
地上部は枯れても地面の下の貯蔵器官がご覧の通りの個性的な姿で春を待っている。

◑ **ツルボ**
（→ p103）

アカネ ◑
（→ p123）
赤褐色の根から茜色の染料を採る。英名はMadder（マダー）。今でも、これを原料にした絵の具が"Rose Madder genuine"として健在だ。属名の*Rubia*も「赤い」の意味。

◐ **ヒガンバナ**（→ p109）
花後に伸長した葉が冬のあいだ、青々と茂り、養分をつくる。

冬越し④　林縁部や林床の植物

アキノタムラソウ
（→ p68）

ナツノタムラソウ
（→ p68）

ユキノシタ
（→ p64）

ダイコンソウ
（→ p87）

タチツボスミレ
（→ p26）

両者はよく似ているが、托葉の形が違う。

ムラサキケマン
（→ p43）
ムラサキケマンやミヤマキケマンは冬緑型の二年草。同じ属のエンゴサクの仲間は多年草。

アオイスミレ
（→ p26）

ヤブヘビイチゴ
（→ p33）

⬇ カタクリ
(→ p16)

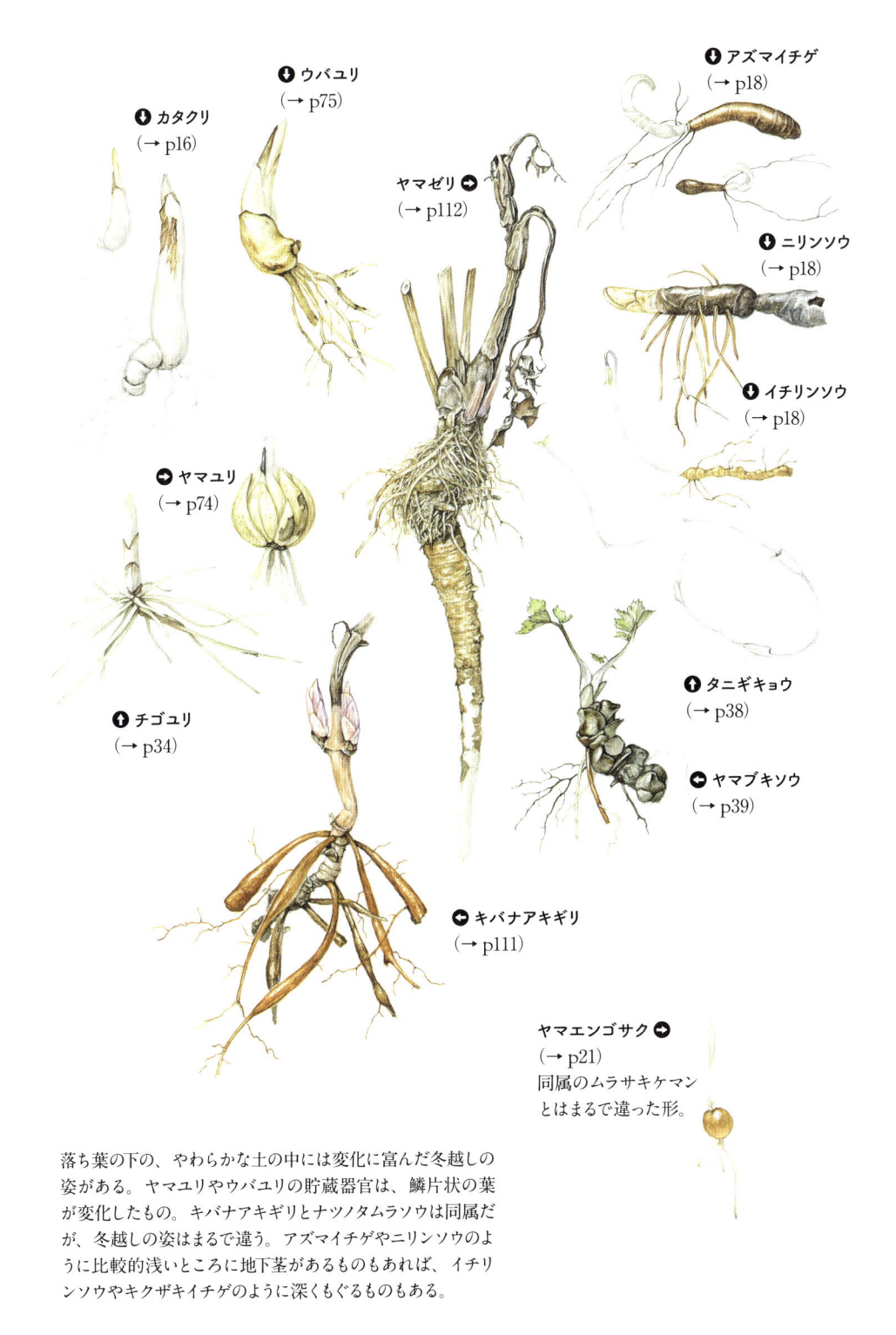

⬇ ウバユリ
(→ p75)

ヤマゼリ ➡
(→ p112)

⬇ アズマイチゲ
(→ p18)

➡ ニリンソウ
(→ p18)

➡ イチリンソウ
(→ p18)

➡ ヤマユリ
(→ p74)

⬆ チゴユリ
(→ p34)

⬆ タニギキョウ
(→ p38)

➡ ヤマブキソウ
(→ p39)

⬅ キバナアキギリ
(→ p111)

ヤマエンゴサク ➡
(→ p21)
同属のムラサキケマン
とはまるで違った形。

落ち葉の下の、やわらかな土の中には変化に富んだ冬越しの姿がある。ヤマユリやウバユリの貯蔵器官は、鱗片状の葉が変化したもの。キバナアキギリとナツノタムラソウは同属だが、冬越しの姿はまるで違う。アズマイチゲやニリンソウのように比較的浅いところに地下茎があるものもあれば、イチリンソウやキクザキイチゲのように深くもぐるものもある。

立春、雨水 2月上旬〜2月下旬

　10年このかた、自然の記録はかなりこまめにつけているつもりだが、1月、2月は外出の機会も少なく、空白が多くなる。
　それが、2月も半ばちかくにもなると、陽ざしが急に春めいてくる。それを感じとったシジュウカラなんかが、さえずりはじめるのがこの頃だ。凍結しない池や沼で越冬していたカモの群れも、帰りじたくをはじめる。
　双眼鏡を携えて鳥を見に出かけてみよう。都心部の池で繁殖し、かえったばかりのヒナをしたがえて歩くのが話題になるのはカルガモだが、冬の日本にはじつにさまざまな種類が渡ってきていることがわかる。身近なところの池にも、思いがけない種類が来ていることもあるものだ。
　池のほとりのハンノキの花序はすっかり伸びて、黄色い花粉をまき散らしている。やがてマンサクが甘い香りの花を咲かせ、銀色のヤナギの花穂が輝くだろう。再びまた、春の営みがはじまる。

関東北部の池や沼で一番普通に見られるのはマガモやカルガモ、それについで多いのはコガモやオナガガモだろう。オナガガモはあまり人を警戒しないので、見物人の足元近くまで寄ってくる。

　ヨシガモはオナガガモよりずっと小さく、オスの頭部は緑色に輝いて美しい。黒と白の大胆な塗り分けをしているキンクロハジロは後頭部に細い飾りの羽根がついている。

　全身が黒くて嘴と額の白いオオバンは、カモの仲間ではなくクイナの仲間。首を前後に動かして泳ぐ姿がユーモラスで愛嬌がある。

ザゼンソウ ➡
Symprocarpus faetidus〔サトイモ科〕
「座禅草」は花序のようすを座禅をくんだ達磨に見たてたもの。2月上旬、栃木県北のハンノキ林の林床でスケッチした。

自然観察の楽しみ

　四季折々、自然はいろいろな楽しみや喜びを与えてくれる。

　春霞にけぶる雑木林の樹冠の、やわらかな新緑に足をとめて見とれたり、初夏の花々の甘い香りにうっとりとしたり、鳥のさえずりに心を躍らせたり、活気づけられたり……。

　そのようにして自然は、その色やにおいや音で、折にふれ、人間の情緒にはたらきかけ、季節の移りかわりを知らせてくれる。そこに身を浸しているのは生きものとしての本能的な快感だ。けれども、遠くからそれを感じるのと、ぐっと近づいてじかに触れるのとでは、味わう楽しみの種類はだいぶ異なってくる。

　現実的な人間ならば、コシアブラやコゴミの若芽の季節には、なんとしてもその旬の味を楽しみたくなるものだし、熟れたウワミズザクラやガマズミの実を見れば、おいしい果実酒のことを考えるにちがいない。

名前がわかると楽しい

　元来人間は、そのようにして自然を利用してきた。「春の七草」なども、冬の間の緑の乏しい季節に、食用になる冬緑型の野生植物を選んで利用してきたことの証だ。

利用するためには、食用になるものとならないもの、有毒なものを見分けなければならない。この植物には薬効があるとか、どんな病気に効くとかいった探求が、植物学のはじまりだ。

　とはいえ知ることはそれだけで楽しい。

　散歩や通勤、通学の道すがら見つけた花を、あれはカキドオシ、これはタチツボスミレ、こっちはムラサキケマン……と区別できたら、また、草むらですだく虫の音も、あれはエンマコオロギ、これはカネタタキ……と聞き分けることができたら楽しいだろう。身近な生きものの世界への親近感もますはずだ。やがて、ある時にわかに眼前の世界が、それまでとは違って明瞭な輪郭で立ち現れてくる、そういう経験をするものだ。

世界がちがって見えてくる

　ふだん見なれた自然は、ありふれたものと思い込んで見向きもしないでいることが多い。けれども、近づいていって観察すると、今ではすっかり数少なくなった植物や昆虫がちゃんと生き続けている、そんな貴重な環境だと気づくことだってあるのだ。

　実際、宇都宮市内のぼくのフィールドのひとつにも、6月になるとゲンジボタルの見られる水田があって、そのわずかな土堤には春にはアマナが咲き、梅雨の頃には絶滅危惧種のスズサイコが数十個体姿をあらわす。そこからほど遠くないところでは、たいてい毎年、秋のはじめ頃に希少な美しいナミルリモンハナバチ

を見かける。そのことは、このハナバチが労働寄生するスジボソコシブトハナバチが営巣できる場所があることを意味する。舌の長いスジボソハナバチは、ツリフネソウの花によく吸蜜にやってくる。長い距をもった大きな赤紫色のその花は、このハチによく適応した形をしていて、舌の短いミツバチや盗蜜をするクマバチは、ツリフネソウの花の受粉には役に立たないのだ。

そうして、湿地の花であるツリフネソウの生える小さな流れのそばには、秋になると、ミヤマアカネやマユタテアカネに混じって、これまた数の少ないマイコアカネやヒメアカネというアカトンボの仲間が姿を見せる。そういうことは、そこに行って調べてみないとわからないものなのだ。

発見の宝物庫

ていねいに観察していると、ときどき思いがけない「発見」もする。たとえば関東の平野部の雑木林にはごく普通にあるウリカエデという植物が、どうやら性転換をするらしいことには、花を描こうとしてはじめて気づいた。夏の終わり頃に薄暗い林に咲くハグロソウの花が、細長い筒状の部分でねじれ、半回転していることも、分解してスケッチをしなかったら気づかなかった。このねじれに言及している図鑑は今のところ見あたらない。

もうひとつ、昆虫にも発見があった。ツマグロオオヨコバイというありふれた昆虫がいる。庭の植木などにも普通に

いる黄緑色のセミの仲間だ。翅の先が暗い藍色をしているのでこの名がある。ところが、この黄緑色の昆虫、翅は黄緑色ではないのだ。ある時、描こうとして捕まえて、翅をひろげて驚いたのだが、なんと前翅は黄色！　それが藍色の後翅と同じ色の胴体の上に重なることで、結果として黄緑色に見えるのだ。ありふれたものであるばかりに、捕まえて調べることもしなかったのは、うかつだった。

自然は文字通り宝物庫だ。内部は入り組んだ迷宮で、おそらく外には二度と出られないだろうが、それはとても幸せなことだ。なぜなら、それは人間の故郷に戻るということなのだから。

記録をつけよう

　日々観察した事柄は、必ず記録として残すことが大切だ。印象的なできごとはあとあとまでよく記憶していることがあるが、それでも細部まで明確に憶えていられるものではない。記録をつけるということは、自分自身の知識を確かなものにするためにも大切だし、そのうえ、他愛もないと思うようなものでも、じつは貴重な情報であったりする。記録は、それが具体的で正確でありさえすれば、あるのとないのとでは決定的に違うのだ。

　日記が三日坊主に終わることはよくある。けれども、自然観察の記録は、観察したときに、**具体的な事実だけを書き記せばよい**ので、練りあげた文章にする気負いなどいらない。

　まずは、**いつも手の届くところに専用のノートを用意しておこう**。ぼくはA5サイズのルーズリーフ式のものを使っている。用紙は無地か5mm方眼のものが使いやすい。野外ではスケッチブックにあれこれ記入することも多いので、帰宅後にそれらを整理して書き写すことにしている。

　書くべきことは、日時（年月日）とおおまかな時刻、場所（○○市△△町、○○市△△川の土堤、など）、天気や気温（暑いか寒いかだけで十分）、そして具体的な観察の内容。

　それは、たとえば「ウグイスのさえずり」とか「ヤブツバキの花にメジロ2羽」とか「ホトケノザ見頃」、「ハマエンドウにヒゲナガハナバチ1♀訪花」などといった具合に、**事実の箇条書きでよい**。この程度なら1～2分あれば書ける。

　ぼくは、ノート1枚を1日分にあてている。観察ノートは他人に見せるものではないので、多少乱雑でも気にせずに、図を添えればさらに役立つ。余裕があれば、詳細な記述で内容を補えばよい。

1　ルーペ（繰り出し式）、2　ルーペ（台付き）
3　シャーレ、4　ピンセット、5　カッター
6　各種の筆記用具、7　定規
8　比例ディバイダー、9　スケッチブック
10　ルーズリーフノート

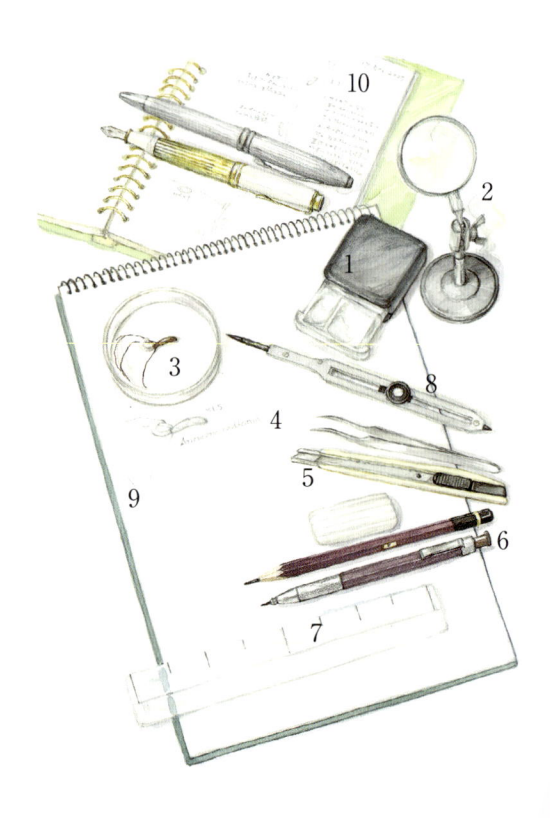

記録をまとめる

　春のはじめ頃から熱心に記録をつけていくと、3月、4月、5月と次々にいろんな花の名前や昆虫の名前でページが埋めつくされていくにちがいない。夏頃にはそれがだいぶ落ち着いてくるのは、観察者の行動の変化（つまり、炎天下に外出することが少なくなる）にもよるだろうが、夏から秋に咲く花は比較的長期間にわたって咲き続けるものが多いせいでもあろう。冬のあいだに、それまでの半年あまりの記録を見返してみると、翌年の観察の計画も立てやすい。**めぼしい花を選び出して、季節ごと、場所ごとのチェックリストをつくってみる**のもよいことだ。

　そうやって、2年、3年と蓄えていくと、それぞれのフィールドの自然のありようや、季節ごとの推移のようすがはっきりと見えてくる。それをもとにして、花暦や散策路マップなどをつくることができたら、さぞ楽しかろうと思うが、いかが？

●ルーペは必需品
価格も性能もさまざまなので、店頭で実際に手にとって選ぶのがよい。倍率は5〜10倍程度が使いやすい。左図の四角いルーペ（1）はプラスチック製の2枚繰り出し式。1枚の2/3が3倍、1/3が4.5倍のレンズ。2枚重ねるとそれぞれ6倍と9倍になる。ドイツ製。
台付きのルーペ（2）は志賀昆虫普及社で扱っているもの。首が自在に動くので、卓上で小さな物を観察しながらスケッチするのに便利。倍率は5倍。いずれも2000〜2500円程度で買える。
比例ディバイダー（8）は正確な寸法を拡大、縮小するのに便利だが、高価なので、さしあたっては不要。

写真とスケッチ

　性能のよいコンパクトなデジタルカメラは、記録のための道具としてとても重宝する。動きのある昆虫も動画として残せる。けれどもそれは、人間の脳を介した思考や認識や判断とは違ったものなので、後になって写真から欲しい情報を取り出そうと思っても、とても難しいことに気づく。

　したがって、野外であれ室内であれ、**自分の脳を通して観察しながらスケッチすることは、とても大切なことだ。**

　物を見るのは眼によってではない。眼は視覚情報を受容する器官だが、その情報をどう判断するかは脳の働きによるものだし、それを再度視覚化する＝描くという行為もまた然り。**スケッチをするということは、早い話、その物について考えるということでもある。**

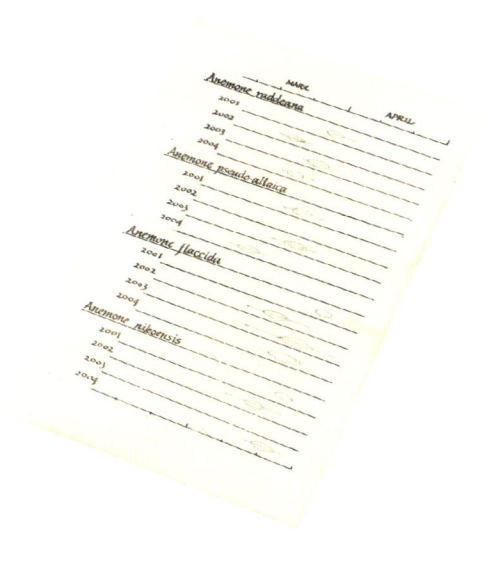

スケッチの楽しみ

ルーペで覗きながら描いてみる

　科学的なスケッチは、単に印象で描くのではない。植物を描くということは、それを植物学的な見方から理解しようとして描くのだし、また、その知識を伝達するために描くのである。

　もちろん、肉眼での観察や描写には限度がある。どのレベルで折り合いをつけるかは、その都度判断しなければならないが、一般に、同定（当該の植物の名前を調べて確定すること）の手がかりになるような特徴は、図鑑の記述などを参考にしながらきちんと描くこと。場合によっては、ピンセットで分解し、ルーペで拡大してスケッチをしてみるとよい。

　たとえばスミレの仲間やマメの仲間の花、キイチゴ、ノイバラ、オダマキやホタルブクロ、ドクダミやカラスビシャクやツユクサ、あるいはアヤメやミョウガなど、身近な植物の花や果実など、実物を手にとってスケッチしてみると、自然はこんなにもおもしろく、また美しいものかと気づくに違いない。

　まずは、他人に見せることは意識しないで、たくさん描いて慣れるのがよい。

描いた場所の記録を忘れずに

　それともうひとつ、スケッチには必ず、描いた日付と取材地（採集地）を書き添えておく。日付があれば、翌年以降の取材の目安にもなるし、同じ植物でも産地が違えば、形態上の特徴が異なることも多いからだ。

　スケッチには、必要に応じて色を塗る。色鉛筆は一見手軽で、野外で風景のスケッチなどをする時には、ぼくもよく使うが、細密描写向きの画材ではない。

　混色ができないので、少なくとも30〜40色の色を揃えておく必要がある。水溶性の色鉛筆もあるが、それならいっそ、透明水彩のほうがずっと融通がきくと思う。それらのことを承知した上で、各自の好みの画材を使えばいいだろう。

野外スケッチに挑戦しよう

　鉛筆は、普段から使い慣れた身近な筆記用具だが、その変幻自在な表現力は、画材として魅力的だ。特に、手早い描写が要求されるときには威力を発揮する。

　室内の安定した条件とは違って、野外でのスケッチにはさまざまな困難がつきまとう。なにしろ相手は小さいわりに複

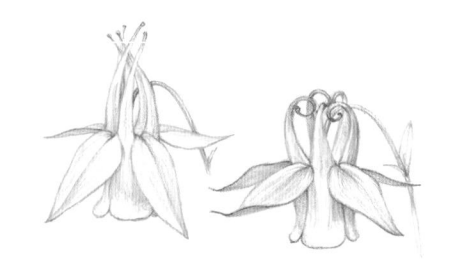

鉛筆の濃淡による陰影やアウトラインの線は、強弱のつけ方ひとつで立体的な表現ができる。これは、彩色の場合の重要な手がかりになるので、けっしておろそかにしないように。ここまでくればできたも同然だ。

雑な構造をしている。風が吹けば茎は絶え間なく揺れ、葉は翻る。晴天ならばまぶし過ぎ、雨天では仕事にならない。汗もかくし、虫も来る。長時間、不自然な姿勢を強いられる。けれども、その植物が実際に生きている姿を知るには、野外スケッチは欠かせないし、生態を描く場合には、これは必須だ。

鉛筆の魅力はその柔軟性にあるので、それを活かしたメリハリのある線でスケッチすることを心がけるとよい。けっして、均質な力で単調な生気に乏しい描写にならないように。道路地図を描くのではないのだから。

ツルリンドウのスケッチ。鉛筆だけでよいから、実際に生きている植物の姿をとらえることに慣れよう。

野生植物を持ち帰る場合の注意

時には、野の花を部屋に持ち帰って描きたくなるかもしれない。希少な植物をむやみに採取することは厳禁！　それ以外の普通にあるものならば、限度をわきまえれば許されるだろう。

ただ、せっかく採取したものが、持ち帰る途中で萎れてしまっては何の意味もない。それを防ぐには次のようにするとよい。

切り取ったら手際よく、切り口を切り花用の延命剤溶液で濡らしたペーパータオルでくるみ、ポリ袋に入れて持ち帰る。

生長期の植物は変化が激しいので、すぐに描くことができない場合には、ポリ袋に入れた状態で冷蔵庫に保管する。紅葉した葉などは、そのままだとすぐに乾燥して変色してしまうので、密閉容器の底に水で濡らしてよくしぼったペーパータオルを敷き、その上に葉を載せ、もう一度上から濡れたペーパータオルをかぶせ、冷蔵庫で保管する。こうすれば、しばらくはよい状態を保てる。

キノコを持ち帰って描く場合には、1本ずつ乾いたペーパータオルで包み、ポリ袋に入れて、これも冷蔵しておく。キノコの場合には、けっして濡らさないことが肝心だ。

植物画入門

気軽なスケッチに慣れてくると、本格的になにかを描いてみたいと思うようになるものだ。ここでは、そのための画材と鉛筆での描写、および彩色について、ごく簡単にアドバイスをしよう。

画材について

植物画を描く上での画材に特別な制約はないが、一般に、扱いやすくて細密描写に適するという点で、透明水彩を使う人が多い。細密で美しい表現のしやすさを目安にして、さしあたり紙と鉛筆、それに絵の具と筆を揃えよう。

◆ 紙

透明水彩で描く場合、紙の選択は重要だ。描き手の好みもあるので、どれが最良かというのは難しいが、細密描写に適した発色のよい丈夫な紙となると、おのずと限られたものになる。

水彩用の紙は表面の紙肌（テクスチュア）によって、荒目、中目、細目、極細目などと区別されるが、これは便宜的なもので、一定の明確な基準があるわけではない。細密描写には比較的目のつんだもの、極細目（Hot pressed）や細目もしくは中目（Cold pressed）のものから選ぶのがよい。紙の片隅にはメーカーのロゴマークや紙の名称が透かしで入っていて、それが正しく読める面が表になる。

国内で入手しやすく、また植物画を描くうえでの条件に適うものとしては、下表のようなものがある。

1　BBケント
　　細目および荒目（イギリス）

アイボリーホワイトのやや薄手の紙で、発色がよいことから、昔からよく使われてきた。細目のほうがよく使われるが、荒目も悪くない。鉛筆で描くには細目が適する。

2　アルシュ
　　極細目（フランス）

厚手（300g/m²）のものと薄手（185g/m²）のものがある。前者はシート売りのほかに、各種サイズのブロック形式のものがある。アイボリーホワイトで発色がよく強靭な紙だが高価である。

3　ファブリアーノ "アルティスティコ・エクストラホワイト"
　　極細目（イタリア）

ほぼ白色の発色のよい紙だが高価。製造中止になった "クラシコ5" の極細目は、日本のメーカーが製造を引き継いでいる。後者は鉛筆での描写に向いている。

4　文房堂　ＭＯブック（日本）

和紙の技法に基づいた日本の水彩紙。F4とF6のサイズがある。MO紙の名は考案者の沖茂八氏に由来する。やや沈む傾向があるが、発色はよく、心地よい吸い込みと柔和な表情が特徴。鉛筆向きの紙ではない。

◆ 鉛筆と消しゴム

　鉛筆の硬さはBとかHの記号で表してある。それぞれBlackおよびHardの頭文字で、Bの数値が大きいほど芯は軟らかく黒い色が出せ、Hの数値が大きいものほど硬い。もっとも、この表示も便宜的なもので、メーカーごとにずいぶん違うので、とりあえずは同じメーカーの同じグレードのものを揃えること。

　細密描写のためには、あまり軟らかいものは不向き。中程度の硬さの、B〜2Hくらいまでを揃えておけば、とりあえずは十分。紙との相性や目的、またその時々の湿度の条件などに応じて、使いわける。

　消しゴムは、通常のプラスチックベースのもののほかに、練りゴムがあると便利だ。

◆ 透明水彩絵の具

　国内外のいくつものメーカーが、それぞれ80〜90色のえのぐをカタログに載せている。個別の色を買いそろえる場合には、次のことを目安に考えると無駄がない。

　まず、基本的な6つの色のグループ（緑寄りの黄、オレンジ寄りの黄、オレンジ寄りの赤、紫寄りの赤、紫寄りの青、緑寄りの青）ごとに、1つまたは2つの色を選び、さらにオレンジ、紫、緑の3群から純度の高い1〜2色を求め、加えて3〜4色のアースカラー（茶系の色）を足せばほぼ完成。原則として、ホワイトは混色しないが、必要ならばチャイニーズホワイトを。白い毛やハイライトの描きおこしには、より被覆力の強いチタニウムホワイト（不透明ホワイト）がよい。黒が欲しければ、アイボリーブラックよりもニュートラルチントのほうが使いやすい。

　もうひとつ、購入の際の目安は、同じような色調でも、耐光性の高い単一顔料によるものを選ぶこと。絵の具のラベルには、PR122とかPB28などといった記号が書かれている。これは使用されている顔料を示す国際的な統一表記で、絵の具の色調や物理化学的性質や製品としての良し悪しは、これを唯一の手がかりとして知ることができる。たくさんの記号が書かれているものは、見た目はきれいでもパレット上で容易につくり出せるものが多いので、手を出す価値は乏しい（いくつか例外はある）。

耐光性についても、各社独自の表記があり、蛍光顔料を含んだ鮮やかなピンクは、この点あまり信頼できないので使う場合には慎重に。

国内メーカーの製品はすべてチューブ入りのものだが、外国のメーカーはたいていパンと呼ばれる小皿に入ったものを出しており、パレット兼用のケースに収められた、スケッチボックスというのがあって、特に24色のセットが過不足なく便利。セットに入っていない色はバラで買い足せばよい。

ぼくは普段これを使っていて、左下の欄にはさしあたり揃えておくとよい24色をウィンザー＆ニュートン社（イギリス）を例に挙げておく。実際には他のメーカーの別の色も使うが、とりあえずこれだけあれば十分だろう。

◆ 筆

「弘法は筆を選ばず」というが、質の悪い筆に苛立っていたら、絵を描くどころではない。細密描写をする上で、筆は重要なので慎重に選ぼう。

選ぶ際の目安は、弾力があって、絵の具の含みがよく、穂先がきちんとまとまること。

テンの一種のコリンスキーの毛が最高級とされる。もっとも、製品としての良し悪しは素材そのものとは別の点にありそうだ。いずれにしてもこれは高価なので、はじめのうちは安価な合成繊維のものでかまわない。日本のメーカーの、猫の毛を使ったものにも、よいものがある。おすすめできるのは、次のようなものだ。

○ラファエル（Raphael）社（フランス）
シリーズ 8404 または 8402
No.0～No.4 程度の太さのものを用途に応じて選ぶ。

○ウィンザー＆ニュートン（Windsor & Newton）社（イギリス）　シリーズ 7
No.0～No.4 程度の太さのものを用途に応じて選ぶ。

色名	顔料番号
Lemon Yellow	PY 53
Winsor Lemon	PY 175
Winsor Yellow	PY 154
New Gamboge	PY 153
Winsor Orange	PO 62
Scarlet Lake	PR 188
Permanent Carmine	—
Permanent Rose	PV 19
Quinacridone Magenta	PR 122
Permanent Magenta	PV 19
Cobalt Violet	PV 14
Winsor Violet	PV 23
French Ultramarine	PB 29
Cobalt Blue	PB 28
Cerulean Blue - red shade	PB 35
Winsor Blue - green shade	PB 15
Winsor Green - blue shade	PG 7
Permanent Sap Green	PG 36 / PY 110
Raw Sienna	PY 42 / PR 101
Raw Umber	PBr 7
Burnt Sienna	PR 101
Indian Red	PR 101
Burnt Umber	PBr 7 / PR 101 / PY 42
Titanium White	PW 6
Chinese White	PW 4
Neutral Tint	PB 15 / PBk 6 / PV 19

◆ 筆洗とペーパータオル

絵の具を溶いたり、汚れた筆を洗うためのもの。しきりのついた陶器製の物が市販されているが、安定のよいガラスびんで代用できる。絵の具を溶くためのきれいな水は、筆を洗う水とは区別しておこう。

◆ 筆立て

筆は必ず穂先を上にして立てておくこと。穂先にクセがついて曲がってしまったら、使いにくくなる。

◆ スケッチブック

練習・習作用、または野外スケッチ用としては普通の画用紙のスケッチブックでよい。マルマンの ARTIST DRAWING やホルベインの MULTI-DRAWING BOOK あたりが無難か。サイズは F4～F6 程度が使いやすい。

◆ カリグラフィー（描き文字）用のペン

学名を書き入れるときに使うが、本質的な事とは関係がないので、なくてもかまわない。使う場合には、水溶性のカラーインクは厳禁。ほんの少しの水でもにじみ、画面が汚れて作品がだいなしになる。耐水性のインクかガッシュを使うことをすすめる。

水張りについて

紙は水で濡らすとたわんだり波打ったりして、描きにくくなる。特に薄手の紙はそうだ。それを防ぐにはあらかじめ水張りをするとよい。

ホームセンターなどで売っている厚さ4～5mmのシナベニヤ板（使用する紙よりもひと回り大きいもの）と水張り用のテープ（画材店で売っている）を用意する。

あらかじめ、紙の四辺の長さに合わせてテープを切り、4本を用意しておく。紙の裏面を刷毛やスポンジで一様に水で濡らし、表を上にして板にぴったりと貼りつける。テープの裏を水で濡らし、手際よく紙の四辺をしっかりととめる。水平にして、紙が完全に乾くのを待つ。乾燥した部屋ならば、数時間あれば乾くだろう。乾いたら板にとめたまま絵を描き、作品が仕上がってから、板からはがす。

水張りが面倒なら、厚手のボードに、紙をマスキングテープで固定するだけでも効果はある。

鉛筆で描く

まずは紙と鉛筆を用意し、植物の形を正しく描いてみよう。
先に紹介したスケッチブックでもいいし、1枚物のBBケントなどでもよい。後者の場合は厚手のボードにクリップで固定すると描きやすい。鉛筆はさしあたりFくらいでよい。

A 描くモチーフを選ぶ

何を描いてもよいが、その植物の特徴をよく観察して、理解することが必要だし、またそのために描くのだともいえる。そのためには、少なくとも何という種類であるかを調べてから描くこと。
そのうえで、それぞれの植物の特徴がよくあらわれているモチーフを選ぶ。

B 描く姿勢

右利きの人ならば左の肩越しに、左利きの人はその逆から光が入るようにすると画面に手の影ができないので描きやすい。
首を上下させずに、視線の移動だけで描けるように、鉛筆をもつのとは反対側の手でスケッチブックを支え、斜めにして描くのがよい。

C 描画の手順

1 構図を決める

画面上のバランスを考え、その植物の特徴が最もよくとらえられる位置を決める。枝が一直線に重なったり、花や葉が真正面を向いたりすると形を理解しにくく、立体感もつかみにくい。必ずしも自然の枝ぶりをそのまま再現しなくてもよい。

葉っぱ1枚を描く場合、全体が観察者から等距離になるように設定すると、正しい形がとらえやすい。

果物などは、机の上にじかに置くよりも、台などに載せて少し高くしたほうが描きやすい。

2 大まかなあたりをつける

花や葉の大きさや位置、茎や枝の動きなど、全体の骨組みを軽く描く。

植物画は一般に実物大で描くが、植物の形は刻一刻と変化するし、視点が少しずれただけで見え方が違ってくるので、定規をあてて、ミリメートル単位で「正確な数値」を求めても無意味である。それよりも、目視で自然な形を一気にとらえることを心がけるべきだ。

大きさを測る場合には、視点を一定にし、モデルの手前に透明なガラス板か何かがあると想定して、その上に物の形を写しとると考えるとよい。茎や枝の傾きなどは、直交する座標軸を頭の中に思い描いてみるとわかりやすい。

3 個々の構造を描く

全体が決まったら、花や葉の形をなるたけ正確に描いていく。どこから描きはじめてもよいが、花は一番変化しやすいので、ここからはじめるのが無難かもしれない。その場合、全体を何か単純な形に置きかえて、それを分割していくと狂いが少な

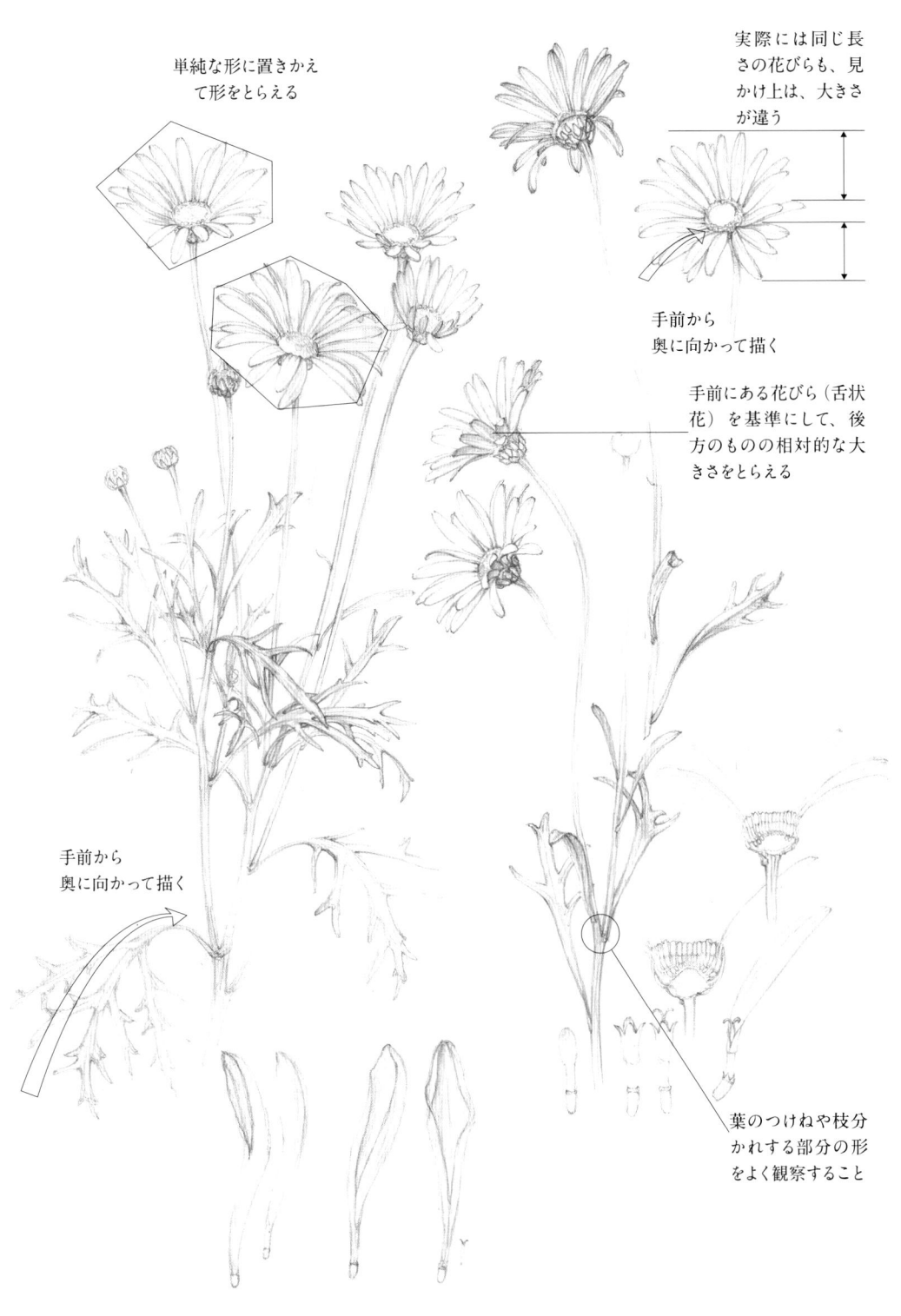

単純な形に置きかえ
て形をとらえる

実際には同じ長
さの花びらも、見
かけ上は、大きさ
が違う

手前から
奥に向かって描く

手前にある花びら（舌状
花）を基準にして、後
方のものの相対的な大
きさをとらえる

手前から
奥に向かって描く

葉のつけねや枝分
かれする部分の形
をよく観察すること

い。チューリップやバラの花などは、観察者に一番近い花びらを基準にして、より遠くのものの相対的な位置を決めていく。キクの花のようなものでは、多角形の頂点をつくっているような目立った部分を見つけ、その位置と大きさを決めてから、間を埋めていくと数が合わせやすい。

手前を向いている葉も描きにくいもののひとつだ。葉の頂点とつけ根の位置関係を正しく把握した後、葉の頂点から基部に向かって主脈の動きを描き、つぎに、左右の縁も同様に手前から基部へと描き進めるとうまくいく。けっして、遠いほうから手前へと引っ張らないこと。

また、物のかげに隠れて見えにくい部分は、「描かない」のではなく「見えないように描く」つもりで。

4 めりはりをつけて細部を描き込む

すべての輪郭線を、均一な強さの線で描かないように。ていねいに描こうとするあまり、精密だが生気のない線では生きものらしさが出てこない。

彩色のための下描きと考えれば、この段階で止めてもよい。鉛筆で描き込みすぎると、色を塗った場合にきれいに仕上がらない。

その逆に、一気に仕上げる余裕がない場合、鉛筆で細部の構造や明暗の調子を描き込んだ下絵をつくっておくと、よい手がかりになる。

このとき、けっして個々の部分を順にひとつずつ仕上げていこうとしないこと。均質な細部の集積ではなくて、個々の部分をあくまでも全体の中での相対的な関係でとらえることが肝心。

彩色

透明水彩は、紙に塗った絵の具の被膜から透けて見える地色の明るさを活かすことが持ち味なので、最初から厚塗りしすぎないように。

花や葉の基本になる色を、パレット上で混色してつくってみる。溶く水の量次第で色の濃淡が変わるので、あらかじめ色見本をつくっておくのがよい。

A 全体を薄く溶いた色でひと塗りする

葉や茎の緑色はとてもやっかいだ。最初はあまりなまなましくないニュートラルな色をつくってみる。葉脈の部分が、通常一番明るい色なので、これにあわせた色で葉の全体を薄くひと塗りしてみよう。茎や枝も同様。

緑は、できあいの絵の具に頼りすぎるとつまらないものになる。

柔和な明るいグリーンが欲しければ、コバルトブルーあるいはセルリアンブルーにウィンザーレモンを混ぜたものなどどうだろう。ほんの少しニュートラルチ

ウィンザーグリーン

ウィンザーグリーンを中心に、さまざまな黄や赤や茶を混ぜてつくった緑色。

白い花は陰の色を工夫する。青と赤（または紫）で青紫をつくり、そこに少量の明るい黄を混ぜるとニュートラルなグレーができあがる。

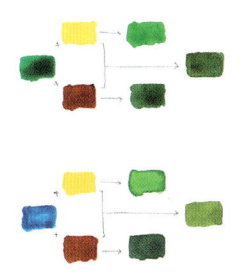

ウィンザーグリーンやウィンザーブルーにウィンザーイエローやバートシェンナを混ぜて緑色をつくる。

ントを混ぜてもよい。花も、モチーフにあわせた色でひと塗りする。

B　色を重ねる

　明るく残したい部分を考慮しながら、より強い色を塗り重ねていく。主脈や側脈を境目にして、色や明るさが不連続になることが多いので、そこに筆の穂先を沿わせるようにしてなめらかな面をつくっていく。

　同じ一枚の葉でも光の受け方によって色調は異なってくる。暗い色は同じ色の濃度を高めるのではなく、青や紫を加えてみるとよい。明るく鮮やかにしたければ黄色みを強める。鮮やかなグリーンがほしければ、ウィンザーグリーンやウィンザーブルーに、いろいろな黄色や茶色を組み合わせてみるとよい。下に塗ったのとは違う色を重ねて効果が出るのも、透明水彩の特徴だ。

C　暗部をしめる

　人間の眼は、色や明るさを隣接する部分と対比させ、相対的なものとして感じているようだ。陰の部分の暗い色を出そうとして、同じ色で上から塗りつぶしていくと、鈍重なものになる。全体を見通しながら、下から持ち上げるような気持ちで描くと軽快なものになるはずだ。仕上げまでに何回くらい塗ればよいのか？と問われることがしばしばあるが、塗り重ねる回数はそれぞれの部分によっても、絵の具の濃度によっても、書き手の好みによっても違うので、「必要なだけ！」と答えることにしている。

D　質感に気を配る

　ひとくちに緑の葉といっても、植物の種類によってさまざまだ。

　絵の具を溶く水の量や筆のタッチ、色の選び方などで、質感の違いを描き分けるとその植物らしさが表現できる。

　同じ植物を描いても、作品は十人十色。けっして同じにはならない。物の見方や考え方は皆、違うからだ。上達には時間が要る。継続しているとあるとき、閾値を越えてダムの水があふれるように変化が起こるものだ。何はともあれ野の花に触れ、描いてみよう。

植物名さくいん

【ア行】

アオイスミレ	22, 26, 27, 47, 138
アオツヅラフジ	79, 123
アカツメクサ	61
アカネ	123, 137
アカネスミレ	25
アカバナ	90
アキノウナギツカミ	117
アキノキリンソウ	102, 129
アキノタムラソウ	68, 138
アキノノゲシ	99, 129
アケボノスミレ	25
アサザ	94
アズマイチゲ	15, 16, 18, 139
アズマヤマアザミ	107
アゼトウガラシ	93
アゼムシロ	93
アブノメ	93
アマチャヅル	79, 123
アマナ	20
アメリカアゼナ	93
アメリカイヌホオズキ	123
アメリカセンダングサ	129
アメリカネナシカズラ	81
アヤメ	52, 53
アラカシ	131
アリアケスミレ	25
アレチヌスビトハギ	104
イカリソウ	36
イケマ	81
イシミカワ	117
イタドリ	78, 127
イチヤクソウ	55
イチリンソウ	18, 139
イヌガラシ	32
イヌゴマ	90
イヌタデ	116
イヌナズナ	13
イボクサ	93
イワボタン	19, 49
ウキクサ	92
ウシハコベ	134
ウツボグサ	62
ウバユリ	15, 75, 127, 139
ウマノスズクサ	66, 68
ウメバチソウ	102
ウラシマソウ	22, 23, 35, 121
エイザンスミレ	22, 24, 27, 47
エゾノギシギシ	78
エビネ	37
エンレイソウ	23, 48
オウレン	23, 49
オオイヌタデ	116
オオイヌノフグリ	8
オオオナモミ	129
オオジシバリ	45, 133
オオタチツボスミレ	26
オオチゴユリ	41
オオバコ	76
オオバジャノヒゲ	130
オオフタバムグラ	73
オオマツヨイグサ	83
オカトラノオ	67
オトギリソウ	66, 73
オトコエシ	102, 127
オドリコソウ	40, 48
オニタビラコ	45, 135
オニドコロ	127
オニノゲシ	45, 135
オヘビイチゴ	33, 133
オミナエシ	100, 102, 127
オモダカ	92
オランダガラシ	50, 132

【カ行】

ガガイモ	81, 129
カキツバタ	52
カキドオシ	12, 28
カスマグサ	61
カタクリ	16, 20, 46, 48, 139
カタバミ	76
カテンソウ	21
カナビキソウ	70, 73
カナムグラ	79
ガマ	91, 129
カメバヒキオコシ	111
カラスウリ	83, 121
カラスノエンドウ	30, 31, 132
カラスノゴマ	87, 127
カラスビシャク	65
カワラケツメイ	73, 125
カワラサイコ	73
カワラナデシコ	100, 127
カワラニガナ	70
カワラハハコ	70
カワラヨモギ	70, 136
ガンクビソウ	87
カントウヨメナ	99
キカラスウリ	83, 121
キキョウ	101
キクザキイチゲ	18
キジムシロ	33
キショウブ	52
キセルアザミ	107, 129
キッコウハグマ	119
キツネアザミ	43, 135
キツネノカミソリ	15, 86
キツネノボタン	51
キツネノマゴ	76
キツリフネ	89, 91
キバナアキギリ	22, 111, 139
キバナノアマナ	20
キュウリグサ	13
キランソウ	12
キンエノコロ	97
キンポウゲ	30, 43, 45
キンミズヒキ	84
キンラン	37
ギンラン	37
ギンリョウソウ	55
ギンリョウソウモドキ	55
クサネム	125
クサノオウ	43, 45, 48, 135
クサフジ	60
クサボタン	110
クサレダマ	90
クズ	105, 125
クモキリソウ	54
クロモ	95
クワガタソウ	39, 49

ケキツネノボタン	50, 51, 133
ゲンノショウコ	76
コウゾリナ	45, 136
コウヤボウキ	119, 129
コオニユリ	74
コガネネコノメ	15
コゴメバオトギリ	73
コシオガマ	103
コシノコバイモ	23
コスミレ	25
コセンダングサ	129
コナギ	92
コバギボウシ	89, 127
コハコベ	134
コバノカモメヅル	129
コヒルガオ	80
コマツナギ	70, 73, 125
コモチマンネングサ	64, 133
コンロンソウ	39

[サ行]

サクラソウ	51
サクラタデ	116
ササユリ	74
ザゼンソウ	141
サラシナショウマ	110, 127
サワギキョウ	91
サワシロギク	98
サワトウガラシ	93
サワヒヨドリ	100
シオデ	123
ジシバリ	45
シナノタンポポ	9, 136
シャガ	37
ジャノヒゲ	130
シュウカイドウ	109, 127
シュウメイギク	109
シュンラン	15
ショウジョウバカマ	20, 49
ショウブ	53
ショカツサイ	32
シラカシ	131
シラネセンキュウ	112, 127
シラヤマギク	98, 100
シロツメクサ	61
シロバナタンポポ	9
ジロボウエンゴサク	21, 43
シロヨメナ	96, 98
スイバ	43, 136
スカシタゴボウ	28, 32, 133
スギナ	8, 11
ススキ	100
スズサイコ	66, 68, 129
スズメウリ	79, 121
スズメノカタビラ	28
スズメノテッポウ	28
スズメノヤリ	30, 48, 136
スダジイ	131
スミレ	25, 30
スミレサイシン	24
セイヨウアブラナ	32
セイヨウタンポポ	9
セキショウ	53
セキヤノアキチョウジ	111, 127
セツブンソウ	15, 18
セリ	90, 132
センダン	50
セントウソウ	40
センニンソウ	81, 129
センブリ	118, 127

[タ行]

ダイコンソウ	87, 138
タウコギ	129
タカサゴユリ	74
タカサブロウ	92
タカトウダイ	66, 137
タケニグサ	78, 127
タチシオデ	38, 123
タチツボスミレ	26, 27, 28, 138
タチフウロ	103
タニギキョウ	38, 139
タヌキモ	95
タネツケバナ	13, 28, 132
タビラコ	28, 132
タムラソウ	107
チガヤ	62
チゴユリ	34, 123, 139
チチコグサ	13
チョウジソウ	51, 127
チョウジタデ	92
ツクシ──▶スギナ	
ツユクサ	82
ツリガネニンジン	100, 102, 127, 137
ツリフネソウ	91
ツルニンジン	110, 127
ツルフジバカマ	104
ツルボ	103, 127, 137
ツルマメ	105, 125
ツルリンドウ	121, 130
テンニンソウ	111
トウゴクサバノオ	19, 49
トウゴクシソバタツナミ	40
トウダイグサ	28, 31, 133
トキリマメ	125
ドクウツギ	71
ドクゼリ	90
ドクダミ	64
トネアザミ	107, 129

[ナ行]

ナガエミクリ	94
ナガハシスミレ	26
ナギナタコウジュ	111
ナズナ	13, 134
ナツノタムラソウ	66, 68, 138
ナヨクサフジ	60
ナンテンハギ	104, 125
ナンバンギセル	101
ニオイタチツボスミレ	26
ニガナ	45
ニッコウキスゲ	75
ニョイスミレ	26
ニリンソウ	15, 18, 139
ヌスビトハギ	104
ヌマトラノオ	89
ネコノメソウ	19
ネジバナ	76
ネナシカズラ	81, 127
ノアザミ	43, 136
ノカンゾウ	75
ノゲシ	45, 135
ノコンギク	96, 99, 129
ノササゲ	105, 125
ノダケ	113, 127
ノハナショウブ	52, 53
ノハラアザミ	106, 129
ノビル	8, 11, 64
ノブキ	87, 129
ノブドウ	59, 79
ノボロギク	13
ノミノフスマ	28

【ハ行】

バイカモ	95
ハグロソウ	87
ハコベ	134
ハッカ	90
ハナタデ	116
ハナネコノメ	19
ハハコグサ	13, 134
ハマエンドウ	60
ハルザキヤマガラシ	32
ハルジオン	43
ハルトラノオ	15, 21
ハンゲショウ	51
ヒイラギソウ	40
ヒカゲスミレ	24
ヒガンバナ	109, 137
ヒトリシズカ	38, 41
ヒナスミレ	22
ヒメオドリコソウ	12
ヒメジョオン	43
ヒメシロネ	90
ヒメスミレ	25
ヒメニラ	15, 20
ヒメヘビイチゴ	33
ヒヨドリジョウゴ	121
ヒルガオ	80
ヒルムシロ	95
フキ	11
フクジュソウ	19
フシグロセンノウ	86
フタバアオイ	22, 39, 48
フタリシズカ	41
フデリンドウ	30, 31, 49
フモトスミレ	24
フユノハナワラビ	130
ヘクソカズラ	79, 80, 121
ベニバナ	
イチヤクソウ	55
ヘビイチゴ	33, 133
ホウチャクソウ	41
ホオズキ	123
ミミカキグサ	89
ホタルブクロ	66, 68
ボタンヅル	81, 129
ホトケノザ	12

【マ行】

マキノスミレ	25
マタタビ	67
マツカゼソウ	84
ママコナ	54
ママコノシリヌグイ	117
マムシグサ	22, 34, 35, 121
マルバスミレ	24
ミズオオバコ	95
ミズヒキ	84
ミゾソバ	117
ミソハギ	89
ミツバ	11
ミツバツチグリ	33, 136
ミミカキグサ	89
ミミナグサ	134
ミヤギノハギ	104
ミヤコグサ	61
ミヤマキケマン	21
ミョウガ	82
ムシトリナデシコ	70, 73
ムラサキケマン	43, 48, 138
ムラサキサギゴケ	28
メドハギ	70, 73
メマツヨイグサ	83, 136
メリケンカルカヤ	129
モウセンゴケ	89

【ヤ行】

ヤクシソウ	96, 129
ヤセウツボ	62
ヤナギタデ	116
ヤブカラシ	79
ヤブカンゾウ	8, 11, 75
ヤブツルアズキ	105, 125
ヤブヘビイチゴ	33, 138
ヤブマオ	78
ヤブマメ	84, 105, 125
ヤブミョウガ	86, 130
ヤブラン	130
ヤブレガサ	22
ヤマエンゴサク	15, 21, 139
ヤマオダマキ	68
ヤマジノホトトギス	84, 127
ヤマゼリ	112, 127, 139
ヤマタツナミソウ	40
ヤマトリカブト	22, 110
ヤマノイモ	80, 127
ヤマハタザオ	62
ヤマハッカ	111
ヤマブキソウ	39, 48, 139
ヤマホロシ	121
ヤマユリ	74, 127, 139
ヤマラッキョウ	118, 127
ヤマルリソウ	38
ユウガギク	99
ユウスゲ	75
ユキノシタ	64, 138
ユズ	131
ユリワサビ	15, 49
ヨウシュヤマゴボウ	123
ヨモギ	8, 136

【ラ・ワ行】

ラショウモンカズラ	40
リュウノウギク	99
リンドウ	118, 127
レンゲ	28, 31, 132
レンプクソウ	15, 19
レンリソウ	60
ワダソウ	38
ワレモコウ	103, 127, 137

昆虫名さくいん

[ア行]

アオカミキリモドキ	58
アオマツムシ	97
アオモンイトトンボ	89
アカタテハ	115
アカハナカミキリ	58
アシナガコガネ	58
イカリモンガ	115
イチモンジセセリ	115
イチモンジチョウ	67
ウスバシロチョウ	43
エンマコオロギ	97
オオウラギンスジヒョウモン	115
オオコシアカハバチ	59
オオマルハナバチ	56
オオモンツチバチ	57

[カ行]

カネタタキ	85
カワトンボ	50
カンタン	97
キアゲハ	59
キキョウ	115
キクキンウワバ	115
キクギンウワバ	115
キタテハ	115
キリギリス	85
ギンモンシロウワバ	115
クサヒバリ	85
クマバチ	56
クロコガネ	77
クロスズメバチ	57
クロハナムグリ	58
クロマルハナバチ	56
コアオハナムグリ	43, 58
コガタノミズアブ	58
コガネオオハリバエ	58
コガネムシ	77
コツバメ	17
コフキコガネ	77
コマルハナバチ	56

[サ行]

ジョウカイボン	58
スギタニルリシジミ	17
スジグロシロチョウ	66
スジボソコシブトハナバチ	57
セイヨウオオマルハナバチ	56
セグロアシナガバチ	57
セリシマハバチ	59

[タ行]

ツノキクロハバチ	59
ツマキチョウ	17
ツマグロキチョウ	115
ツマグロヒョウモン	115
テングチョウ	17
ドウガネブイブイ	77
トガリハナバチの一種	57
トラマルハナバチ	56

[ナ行]

ナミルリモンハナバチ	57
ニッポンヒゲナガハナバチ	57
ニホンミツバチ	57
ノブドウタマバエ	59

[ハ行]

ハキリバチの一種	57
ハッチョウトンボ	89
ハナアブ	58
ハヤシノウマオイ	85
ハンノヒメコガネ	77
ヒオドシチョウ	16
ヒゲナガハバチ	59
ヒメアカタテハ	115
ヒメギフチョウ	16
ヒメクロホウジャク	115
ビロウドツリアブ	58
ベッコウハナアブ	58
ホソヒラタアブ	58

[マ行]

ミドリヒョウモン	115
ミノウスバ	113
ミヤマアカネ	97
ミヤマシジミ	70
ミヤマセセリ	17
ムラサキトビケラ	77
メスグロヒョウモン	106
モンキチョウ	17
モンシロチョウ	17

[ヤ・ラ行]

ヨコジマハナアブ	58
ヨツスジハナカミキリ	58
ルリシジミ	17

著者紹介

長谷川哲雄（はせがわ　てつお）

1954年栃木県宇都宮市生まれ。
日本を代表する植物画家の一人。
北海道大学農学部卒業、専攻は昆虫学。
学生時代から独学で植物の絵を描き始める。
以来、一番の関心事は多様な生きものどうし――特に植物と昆虫の関係。
植物だけ、昆虫だけにとどまらない双方の世界を生態系として描くことのできる希有な存在である。
定期的に自然観察会を開いて、身近な自然のおもしろさを伝えている。
宇都宮市在住。
著書は
『森の草花』『のはらのずかん』『木の図鑑』『野の花のこみち』（以上岩崎書店）
『昆虫図鑑』（ハッピーオウル社）
『おとなの塗り絵　薔薇色の人生』（メディアファクトリー）など。
KILALA美術学院アートカルチャーボタニカルアート講座講師。

野の花さんぽ図鑑

2009年5月1日　初刷発行
2022年1月6日　8刷発行

著者	長谷川哲雄
発行者	土井二郎
発行所	築地書館株式会社
	〒104-0045
	東京都中央区築地 7-4-4-201
	TEL　03-3542-3731
	FAX　03-3541-5799
	http://www.tsukiji-shokan.co.jp/
	振替 00110-5-19057
ブックデザイン	今東淳雄（maro design）
印刷・製本	シナノ印刷株式会社

©HASEGAWA Tetsuo 2009 Printed in Japan
ISBN978-4-8067-1379-1 C0645

・本書の複写、複製、上映、譲渡、公衆送信（送信可能化を含む）
の各権利は築地書館株式会社が管理の委託を受けています。
・[JCOPY]〈（社）出版者著作権管理機構　委託出版物〉
本書の無断複製は著作権法上での例外を除き禁じられています。複
製される場合は、そのつど事前に、（社）出版者著作権管理機構
(TEL03-5244-5088、FAX03-5244-5089、e-mail: info@jcopy.or.jp)
の許諾を得てください。